KOMPAKT

Jan Eggermann

Citroën AMI6

Alle Fakten und Typen

edition garage 2cv

Vorwort

Avant-propos

Mit dem Ami 6 erobert Citroën Anfang der Sechziger die automobile Mittelklasse. Zumindest theoretisch, denn schon während seiner sechsjährigen Entwicklung zwingen finanzielle Gründe zu vielen Kompromissen, die dem Erfolg des Ami 6 zunächst im Wege stehen. Designer Flaminio Bertoni hält ihn trotzdem für seinen gelungensten Entwurf und eine zuerst gar nicht vorgesehene Kombiversion läßt den Ami 6 zu einem der populärsten Automobile im Frankreich jener Zeit werden. Es ist Zeit, dem „kleinen Freund“ ein Denkmal zu setzen.

AC 419 Rouge cornaline

1. Auflage 2016

ISBN 978-3-9809082-7-6

Druck und Bindung: Stürtz GmbH, Würzburg

Hergestellt in der Bundesrepublik Deutschland

Inhalt

Sommaire

Geschichte

Typologie

Kaufberatung

1912

1912 André Citroën besucht eine Fabrik des Henry Ford bei Detroit.[1] Die dort praktizierten Methoden des Taylorismus begeistern ihn.[2] Noch im selben Jahr gründet er mit zwei Teilhabern „Citroën, Hinstin et Cie", seine erste eigene Firma. Das Unternehmen fertigt vor allem winkelverzahnte Zahnräder. Deren „Doppelwinkel" werden später zum Logo der Marke Citroën.

1915 Innerhalb von drei Monaten entsteht am Quai de Javel in Paris eine ebenso moderne wie gigantische Munitionsfabrik. Sie fertigt täglich 10.000 Schrapnellgranaten für die französische Artillerie und trägt so zum Ausgang des ersten Weltkrieges bei.

1919 Mit dem Type A das erste Großserienauto Europas. Citroën will Mobilität für alle und strebt hohe Stückzahlen an, denn nur sie ermöglichen günstige Preise. Vom Type A entstehen bis 1921 24.093 Stück.

1924 Erster „Ganzstahl", der B10. Dasselbe in grün: Opel bringt mit Laubfrosch ein Plagiat des 5CV. Gründung der Société Anonyme Automobiles André Citroën mit Töchtern in Amsterdam, Brüssel, Genf, Köln, Kopenhagen und Mailand.

1932 Am 27. März findet der 29jährige Karrosseriezeichner Flaminio Bertoni Anstellung bei den Automobiles André Citroën.[3]

Das erste Citroën-Alphabet: Dem A folgt 1922 der B2 und 1924 – im Bild – der Type C3.

„Das Automobil soll ein Instrument sein, das die Völker der Welt dazu bringt, einander kennen und schätzen zu lernen.“
André Citroën

1933 Der von Renault abgeworbene Flugzeugingenieur André Lefèbvre beginnt seine Tätigkeit bei Citroën.[4] Unter seiner Leitung startet die Entwicklung des Traction Avant, der als eines der ersten Serienautomobile Frontantrieb haben soll. Für das Design wird Flaminio Bertoni verantwortlich, der André Citroën zuvor mit einem innovativen Entwurf begeistert hat.

1934

1934 Mit dem Traction Avant (9, 11 und 15 CV) setzt Citroën einen Meilenstein des internationalen Automobilbaus. Mit seinen völlig neuentwickelten Details wie der hydraulischen Bremsanlage, den Motoren oder seiner Federung, ist er schon innovativ; doch das Zusammenspiel von Frontantrieb und der selbsttragenden Karosse macht den „Gangsterwagen“ revolutionär.

Von 1925 bis 1935 illuminieren 250.000 Glühbirnen den Namen Citroën. Sonntags wechselt wechselt das Motiv.

Der aerodynamische Streamline wird ganze 23 Jahre lang gebaut, seine Fertigung endet erst im Juli 1957 nach 759.123 Exemplaren. Kurzfristig kann der Wagen die finanziellen Schwierigkeiten bei Citroën aber nicht lösen, denn nach nur 18 Monaten Entwicklungszeit ist er noch nicht ausgereift. Citroën wird zahlungsunfähig und muss am 21.12.1934 Insolvenz anmelden.

„Mit diesem Automobil gewinnen wir jeden Concours d'élégance!"
Georgina Citroën zum ersten Bertoni-Entwurf des Traction Avant, 1933.

Automobildesigner Flaminio Bertoni (links) und Flugzeugingenieur André Lefèbvre arbeiten seit 1932 bzw. 1933 für André Citroën und prägen die Produkte des Unternehmens über Jahrzehnte.

1935 Citroëns Hauptgläubiger Michelin übernimmt die Verantwortung im Unternehmen. André Citroën überträgt seine Aktien, bleibt aber nominell Präsident des Aufsichtsrates. Am 3. Juli 1935 verstirbt er im Alter von nur 57 Jahren. Citroëns Nachfolger im Aufsichtsrat wird Pierre Michelin, Sohn von Firmenpatriarch Edouard. Ihm zur Seite steht ein erfahrener Michelin-Manager: Pierre-Jules Boulanger. [5] Die beiden konsolidieren das Unternehmen und beginnen auf Grundlage einer 1922 von Michelin beauftragten Marktanalyse mit der Entwicklung eines volkstümlichen Automobils.

1936 Citroën hat Umfragen durchgeführt, die den Bedarf an preiswerten Fahrzeugen belegen und den Impuls zur Entwicklung eines „Toute petite voiture" geben. Dessen Realisierung obliegt Boulanger, der sich schon bei Michelin mit Fragen der Volksmotorisierung beschäftigt hatte. Für das Projekt holt er etliche Kreativköpfe zu Citroën, verantwortlich für die technische Gesamtkonzeption wird André Lefèbvre. Aus Angst, das „T.P.V." könne zu schön werden, wird Flaminio Bertoni vom Projekt ferngehalten.

1937 Die Vorgaben für das T.P.V. lauten 50 km/h, geringer Verbrauch, Platz für vier Erwachsene mit 50 kg Gepäck. Einfache Herstellung und Wartung, Preis um 5.000 Francs.

1938 Gewichtsersparnis ist oberstes Ziel der Entwicklung „T.P.V.". Das Kalkül ist einfach: Wenig Gewicht = wenig Verbrauch, wenig Verbrauch = günstige Unterhaltung. Boulangers Motto, wonach „gute Ideen nichts kosten" wird zum Leitmotiv für die Entwicklung. Nach einer schriftlichen Anweisung ist das „T.P.V." „ein Fahrrad mit vier vor Wind und Wetter geschützten Plätzen, das bei gerader Strecke 60 bis 65 Stundenkilometer erreicht." „Es soll 50.000 Kilometer ohne Austausch von Teilen fahren, und keinesfalls mehr als 10 Francs pro Monat an Unterhaltung kosten." [6] Alle Wartungsarbeiten sollen „kinderleicht durchführbar sein," und „der Motor bei -10° C wie bei 25° C anspringen." Die Qualität muss einwandfrei, der Preis dennoch sehr niedrig sein.

Bertoni ist mit dem reduzierten Design des „T.P.V." von Anfang an unzufrieden und arbeitet an Alternativen, was Boulanger strikt untersagt. Später darf er das 2CV-Design aber von Grund auf überarbeiten.

Aus thermischen Gründen fehlen diesen von Pierre Terrason fotografierten Prototypen die Motorhauben. Das „T.P.V." zeigt konstruktive Bezüge zum Flugzeugbau, vor allem zu Baumustern der Dessauer Junkerswerke.

Das Aussehen des Type 2CV A von 1939 ist außergewöhnlich. Der Öffentlichkeit bleibt der einäugige Citroën weitgehend verborgen, erst Ende der sechziger Jahre präsentiert man ihn offiziell.

1939 Das „T.P.V." scheint serienreif. Es zeigt minimalistische Funktionalität in Reinkultur und erfüllt alle Vorgaben: Nur das zum Fahren Notwendige ist eingeplant worden. Durch den Einsatz von Leichtmetall beträgt das Gewicht nur 380 Kilo, der Verbrauch wird offiziell mit „zwischen 3 und 4 Litern Benzin, Super oder Alkohol" angegeben. Der „Type 2CV A" erhält am 28. August 1939 zwar noch die offizielle Straßenzulassung, bis Kriegsbeginn im September 1939 werden aber nur 100 bis 250 Stück hergestellt. Einzelne 2CV gehen zu Testzwecken zu Michelin in die Auvergne.[7] Durch die kriegsbedingte Absage des Pariser Autosalons 1939 wird die Vorstellung des 2CV auf unbestimmte Zeit verschoben, auch das Projekt für einen Nachfolger des Traction Avant „ V.G.D." liegt zunächst auf Eis.

Meisterleistung
Der kompakte Antrieb aus Boxermotor und 4-Gang-Getriebe wird in nur wenigen Tagen entworfen. Sein Schöpfer Walter Becchia modifiziert ihn 1959/60 zum Ami 6-Motor mit 600 cm^3

1940 Waffenstillstand am 18. Juni. Citroën steht jetzt unter deutscher Militärverwaltung, trotzdem gehen die Arbeiten am 2CV mehr oder weniger im Verborgenen weiter.

1944 Deutsche Truppen ziehen sich am 25. August aus Paris zurück, schon kurz danach arbeitet man am 2CV weiter. Etwa im November 1944 erweist sich ein BMW-inspirierter, wassergekühlter 2CV-Motor als unbrauchbar: Bei tiefen Temperaturen startet er schlecht. In wenigen Tagen konstruiert Walter Becchia einen luftgekühlten Motor mit 375 cm^3, Vierganggetriebe und Anlasser. [8] Auf dem Prüfstand läuft er 500 Stunden am Stück.

1945/1946 Kriegsende in Europa am 8. Mai 1945. In La Ferté-Vidame fährt ein 2CV-Prototyp mit hydraulischer Federung,[9] das Projekt „V.G.D." startet. Der Verzicht auf Leichtmetall macht eine neue 2CV-Karosse notwendig, die jetzt Flaminio Bertoni zeichnet, viel gefälliger als das Original von 1939.

1948

Pariser Automobilsalon 1948 Pierre Boulanger stellt dem französischen Staatspräsidenten Vincent Auriol (links) den 2CV vor. Auriol soll damals vom neuen Citroën nur wenig begeistert gewesen sein.

Mit täglich vier Exemplaren startet im Juli 1949 die Produktion des 2CV. Bis Ende des Jahres werden in Levallois 876 Stück gefertigt.

1948 Der 2CV wird vorgestellt, im Folgejahr startet die Produktion. Auch das Projekt „V.G.D." läuft weiter, Lefèbvre (Technik) und Bertoni (Design) leiten es gemeinsam.

1950 2CV-Kleintransporter „AU". Lieferzeit für 2CV beträgt zehn Monate und steigt zeitweise auf über 6 Jahre.

Sternstunde 1951 findet Flaminio Bertoni zu den aerodynamischen Grundzügen des Citroën DS. Doch der neuartige Entwurf bleibt nicht lange geheim: Im April 1952 druckt „L'auto-journal" erste Zeichnungen.

1952 Im April veröffentlicht „L'auto-journal" einen investigativen Bericht zum geplanten Citroën (DS) mit Zeichnungen von René Bellu. Daraufhin sinkt der Absatz des Traction Avant rapide. Auch im belgischen Forest beginnt die Montage von 2CV, zunächst für die Benelux-Staaten, später auch für andere Märkte. Panhard schließt Kooperationsvertrag mit Citroën.

1953 In Rennes-La Barre Thomas nimmt das erste französische Citroënwerk außerhalb von Paris seine Produktion auf. Es stellt Gummiteile für andere Werke her. Seit 1949 sind bereits 100.677 2CV (inkl. 2CV AU) hergestellt worden.

ICI LA BOMBE CITROËN

l'auto-journal

EXCLUSIVITÉ
MONDIAL
DE "L'A.-J.

sur la
oën 56
Salon

TOUS LES DETAILS EN PAGE

20 ANS APRÈS

UN DOCUMENT EXCEPTIONNEL

LE SALON DE L'AUTOMOBILE 1955

Im Sommer 1955 bringt das „A-J" wieder eine Story zum DS. Der Vorwurf der Industriespionage wird nie bewiesen, belastet das Verhältnis zur Zeitschrift aber auf Jahre.

„Donnerstag 6. Oktober 1955 um 10 Uhr im Grand Palais, Champs-Elysées, wird die DS von Pierre Bercot dem Präsidenten der Französischen Republik René Coty vorgestellt. Ein Massenerfolg. Alle wollen das neue Auto sehen !" Aus dem Tagebuch des Flaminio Bertoni.

PEUGEOT
ROEN
67

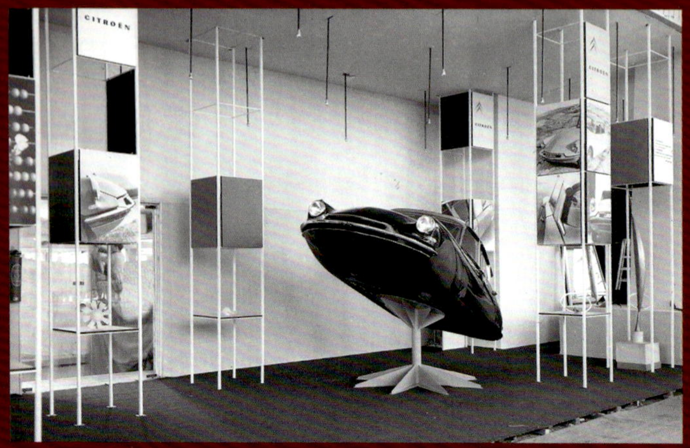

Der Citroën DS gilt als Verkörperung des avantgardistischen Potentials der Marke und ist das bekannteste mit Bertoni verbundene Automobil. Für ihn persönlich ist die „Göttin“ jedoch nur Ergebnis zu vieler Kompromisse.

1955 Auf dem Pariser Salon wird der Citroën DS vorgestellt. Neben der aerodynamischen Form sorgt die innovative Technik der „Déesse“ mit Zentralhydraulik für Federung, Lenkung und Bremse für Furore: Am ersten Tag gehen 12.000 Bestellungen ein, am Ende der Messe wollen 80.000 eine „Göttin“. Bis 1976 werden 1.456.115 Stück produziert. Der oft gelesene Kulturtheoretiker und Philosoph Roland Barthes sieht die Deésse als „vom Himmel gefallen“ [10] und für Journalist Alexander von Spoerl ist sie „kein Auto von morgen. Alle anderen sind von gestern.“
Auch wenn Citroën bemüht ist, die Lücke zwischen futuristischer DS und bodenständigem 2CV mit neuen Ausstattungsvarianten zu schließen (etwa AZL oder ID), wird deutlich erkennbar, dass

Tatsächlich ist der Citroën DS – wie 21 Jahre zuvor der Traction Avant – aber ein automobiler Meilenstein. Die revolutionäre Zentralhydraulik ist eine Idee von Paul Mages und stammt aus der 2CV-Entwicklung.

dringender Ergänzungsbedarf besteht, um konkurrenzfähig zu bleiben: Nicht nur Autokäufer werden Mitte der Fünfziger anspruchsvoller, im Zuge der EWG deutet sich auch eine langsame Öffnung des bislang gut vor Importen geschützten französischen Automarktes an.

Projekt „M" 1955: Eine Mittelklasse für Citroën

Noch 1955 werden Anforderungen für einen Typ zwischen 2CV und DS (Projekt „M" für „Milieu de gamme") formuliert, der 1960 auf den Markt kommen soll: Bei optimalem Platzangebot für vier Personen und Kofferraum soll der neue Wagen 4 Meter

A62

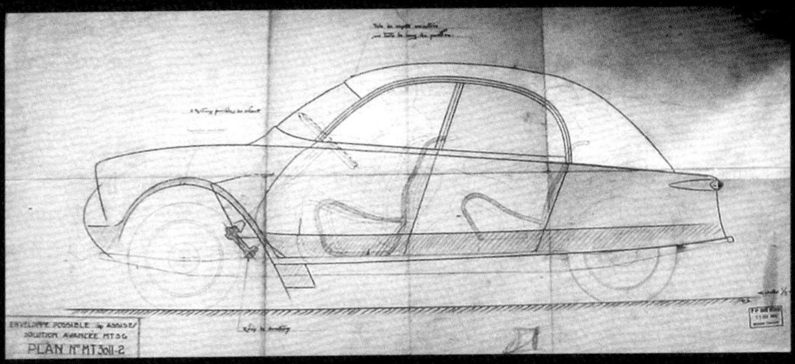

Ein Auto entsteht Aus Bertonis abstrakten Gipsskulpturen werden Zeichnungen und maßstäbliche Plastilinmodelle, später Prototypen und Pressformen. Erste Enhtwürfe zum Projekt „M" erinnern noch an den 2CV.

Länge nicht überschreiten und keinesfalls ein Fließheck mit „fünfter Tür" besitzen. Da die bisherigen Fertigungskapazitäten bei Citroën nicht ausreichen, muss für das neue Modell auch ein neues Werk errichtet werden. Die Arbeiten beginnen sofort, allerdings auf getrennten Wegen. Lefèbvre folgt mit einer Studienserie „C" seiner aus dem Flugzeug- und Rennwagenbau stammenden Philosophie. So orientiert er sich kompromisslos an den Gesetzen der Aerodynamik, strömungsgünstige Formen und weitgehende Verwendung von Aluminium und Kunststoff sollen für geringes Gewicht und gute Verbrauchswerte sorgen.

Weichenstellung Mitte der Fünfziger produzieren die Citroën-Werke täglich 750 2CV. Der sich absehbar für ausländische Konkurrenz öffnende französische Markt und die offensichtliche Lücke im Citroën-Programm erfordern dringend eine Ausweitung der Produktionskapazität und auch ein gänzlich neues Modell. Das Projekt „M" startet im Herbst 1955.

Neigungssache Aus der Vorgabe eines „echten" Kofferraums ergibt sich im Heckbereich des künftigen „M" die unkonventionelle „inveversible" Heckscheibe. Ein erster Entwurf datiert vom 25. Januar 1956.

„Bevor ich an einem neuen Projekt arbeite, bitte ich einige Punkte klarstellen zu dürfen."
Flaminio Bertoni, Herbst 1955

Bertoni beginnt die Arbeit am „M" im Herbst 1955 zunächst mit einem längeren Thesenpapier („Da die Technik von der Form abhängt, muß der Stylist wissen, wohin er gehen darf."). Neben grundsätzlichen Erwägungen zum europäischen Automarkt enthält es konzeptionelle Anmerkungen zum „T.P.V. 1955". Den groß-serienmäßigen Einsatz von Kunststoff hält Bertoni für verfrüht und schlägt stattdessen – auch um die Herstellungskosten gering zu halten – eine Fertigung des „M" im Vollpressverfahren vor, und nicht wie beim 2CV im Halbpressverfahren mit Rahmen und aufgeschraubter Karosse. Ein solches Fahrzeug hält er für „innerhalb eines Jahres realisierbar". [11]

Testmuster Citroën C10 Dank guter Massenverteilung hat der Prototyp einen cw-Wert von nur 0,258. Er erreicht mit einem 12 PS-Serienmotor aus dem 2CV eine Höchstgeschwindigkeit von über 110 km/h.

1957 Ein von Lefèbvre entwickelter Versuchsträger namens C10 „Coccinelle“ kommt durch konsequenten Einsatz von Aluminium und Kunststoffen auf ein Leergewicht von 382 Kilogramm. Dank des geringen cw-Wertes der Karosse verbraucht der verwendete 2CV-2-Zylinder (425 cm^3 mit 12 PS) nur 3-4 Liter Benzin. Der Prototyp ist erhalten geblieben und befindet sich heute im „Conservatoire Citroën“ in der Nähe von Paris.

Auch Bertoni macht erste Entwürfe für den „M“: Im Bereich des Vorderbaus und bei der groben Linie orientiert er sich noch sehr stark am Citroën DS, jedoch zwingt die vorgegebene Länge von 4 Metern und Bercots Anweisung, kein Fließheck, sondern einen „echten“ Kofferraum zu planen, zu einer unkonventionellen und neuen Lösung. Sie wird später zum Erkennungszeichen des neuen Typs: Die nach innen geneigte, „inversible“ Heckscheibe.[12]

Bauprojekt „M“
Mangels Kapazitäten in den Pariser Werken der Marke wird in der strukturschwachen Bretagne eine neue Produktion errichtet. Die Bauarbeiten in Rennes-La Janais – im Bild das Architektenmodell der Verwaltung – beginnen im Januar 1959.

1958 Arbeiten an Studienserie „C“ enden im Juli, als André Lefèbvre aus gesundheitlichen Gründen in Rente geht. Pierre Bercot wird Citroën-Generaldirektor. Standortentscheidung nach Luftbildern für das „M“-Werk in La Janais im Juli 1958.[13]

1959 Bertoni-Studie mit Anleihen von DS (Hydropneumatik und fließende Front), Panhard 24 (Motor und Doppelscheinwerfer) und „M“ (inversible Heckscheibe): „C 60“.

Die detailreichen Zeichnungen von René Bellu zum „neuen 3CV Citroën“ erscheinen im Juni 1959 im „L'auto-journal“, später sind sie auch in der Zeitschrift „Hobby“ zu sehen.

Bertoni-Assistent Henri Dargent am noch heute erhaltenen Gipsmodell für die Studie „Citroën C 60“, 1959.[14]

„Er war der Größte in Bezug auf Sensitivität und sein Gefühl für Formen. Ich bewunderte ihn.“ Henri Dargent über Flaminio Bertoni

Neben der für den „M“ angedachten 4-Zylinder-Boxer-Motorisierung wird jetzt auch die Verwendung des Flat-Twin des 2CV mit höherer Leistung und 600 cm^3 erwogen. Der „M“ würde damit vergleichsweise schwach motorisiert und – bezogen auf den Hubraum – ein Kleinwagen bleiben. Der hoch-bauende Vergaser des

Der „C 60“ bleibt ein Einzelstück, stattdessen geht 1964 der Panhard 24 – ohne Hydropneumatik – in Serie. Eine echte eigene Mittelklasse lässt Citroën erst 1970 mit dem GS folgen.

Die Entwürfe von Flaminio Bertoni („B") und Henri Dargent („AR") aus dem Jahr 1959 zeigen den „M" bereits sehr detailliert. Die Designer werden aber über die konkrete technische Konzeption lange im Unklaren gelassen.

2CV verhindert leider eine Motorhaube im Stil des DS, so dass Bertoni noch kurzfristig die Front überarbeiten muss. Nicht in Serie gehen Doppelscheinwerfer im „amerikanischen Stil" (abgesehen vom US-Export und dem Ami 6 Club 1967). Zulieferer Cibie hat stattdessen rechteckige Scheinwerfer entwickelt, die durch Zusatzspiegel eine 30% höhere Lichtausbeute haben sollen.

1960 Auf der Citroën-Teststrecke in La Ferté-Vidame laufen zwei Varianten des „M", eine mit „Panhard-Motor", eine mit 2CV-Flat-Twin. Aus Kostengründen fällt im Mai die Entscheidung zur weitgehenden Übernahme von Plattform, Motor und

Als im Laufe des Jahres 1960 die Entscheidung zur Verwendung von 2CV-Plattform und Mechanik fällt, muss alles in letzter Minute überarbeitet werden. Der vorgesehene Zeitplan ist nicht mehr realisierbar.

Mechanik aus dem 2CV, was entgegen Bertonis ursprünglichen Vorstellungen bedeutet, dass die Herstellung des „M" im von Bertoni ungeliebten Halbpressverfahren erfolgen wird. Als Ergebnis und Reminiszenz an Lefèbvres Grundlagenforschung soll ein Kunststoffdach zur Gewichtsersparnis beitragen. Alle Entwürfe müssen also nochmals überarbeitet werden, was für Bertoni Herausforderung und Enttäuschung zugleich darstellt.

Offiziell soll die Vorstellung des „M" noch immer auf dem Autosalon in Paris im Oktober 1960 erfolgen, doch Ambi Budd [15] gerät mit der Lieferung von Presswerkzeugen derart in Verzug, dass eine Präsentation vor Jahresfrist unmöglich wird. Die offizielle Einweihung des neuen Produktionswerkes Rennes-La Janais durch den französischen Staatspräsidenten Charles de Gaulle erfolgt trotzdem „planmäßig" am 10. September 1960, obwohl sich die gesamte Baustelle noch weitgehend im Rohbau befindet. Erste Großwerkzeuge werden in den weiträumigen Hallen aber erst im November aufgestellt, darunter auch Präzisionsmaschinen von Waldrich Coburg.

Unverkennbar Citroën
Die vorderen Doppelwinkel stören Flaminio Bertonis ästhetisches Empfinden. Daraufhin werden sie nicht in Serie übernommen. Trotzdem bleibt der Ami 6 auf Anhieb als Citroën erkennbar.

Ami 6: Super 2CV statt Mittelklasse

1961 Durch den etatbedingten Einsatz vieler Teile des 2CV („A") hat sich das ursprünglich als Mittelklassewagen gedachte Projekt „M" mehr zu einem „Super-2CV" entwickelt. Die Verwandtschaft zur Ente kommt bereits in der internen Bezeichnung „AM" zum Ausdruck, unter der auch der Service de mines am 31. März 1961 die offizielle Straßenzulassung erteilt. Bertoni macht aus „AM" kurzerhand „amici" (italienisch für

Ami 6-Vorserie Fehlende Stoßstangenbügel und durchgängige Aluminiumzierleisten über dem Kühlergrill im Frühjahr 1961.

1961

„Der Ami 6 wurde zum Opfer eines immer kleiner werdenden Ursprungsbudgets." Henri Dargent

„Freunde"), was von Citroën aufgegriffen und zum Kunstwort „Ami 6" weiterentwickelt wird. In französischer Sprache wird daraus – ähnlich dem DS – sogar noch ein Wortspiel, denn „L' Ami 6" klingt ausgesprochen wie „La missis", damals umgangssprachlich

Ami 6-Vorserie Bei der offiziellen Vorstellung am 24. April 1961 in Amsterdam (links). Exemplar mit vier hinteren Reflektoren, fehlenden Stoßstangengummis und ohne Kofferraumschloß (vorherige Doppelseite).

etwa „das Fräulein". Bei Panhard in Paris entsteht zu Beginn des Jahres eine Vorserie von 300 „M". Die Blechteile kommen schon aus Rennes-La Janais, ansonsten ist das Werk aber noch immer nicht betriebsbereit. Die Vorserie dient vor allem zur Erstellung von Betriebsanleitungen, Werkstatthandbüchern, sowie Presse- und Werbematerial. Das international verwendete Branding wird von der Pariser Werbeagentur Robert Delpire entworfen.

„Der neue Ami 6 ist ein Schlager. Er wird auch bei uns trotz des etwas hohen Preises viele Freunde gewinnen." Motorwelt, Heft 5/1961

Schlichte und funktionale Ästhetik Fast alle Bedienelemente sind ergonomisch und einfach zu handhaben, der Blinker wird mit nur einer Fingerbewegung geschaltet. Das Einspeichenlenkrad ist vom DS inspiriert.

Am 24. April 1961 findet entsprechend dem internationalen Anspruch des Ami 6 die offizielle Vorstellung in Paris, Amsterdam, Brüssel, Mailand und Köln statt. Dass um ein Haar ausgerechnet die französische Präsentation auf dem Flughafen von Villacoublay dem gescheiterten Putsch einiger Generäle in Algier zum Opfer fällt, bleibt eine Fußnote der Geschichte. Anderswo lädt man ohnehin etwas ziviler in örtliche Vertretungen ein. Am Amsterdamer Stadionplein spricht Citroëndirektor Arnoud Lucas über die Demokratisierung des Autos und den Esprit der Marke Citroën. Dann drückt er einen roten Knopf und der

„In Frankfurt zum ersten Mal auf einem Salon gezeigt. Großer und großartiger Wagen in seiner Klasse – ein echter Citroën. Änderungen gegenüber den Prototypen: zusätzliche Schiebefenster hinten, Kofferraum von außen verschließbar, Scheibenwischer mit automatischer Rückstellung, verbesserter Innenspiegel in neuer Position." Aus **Citroën zeigt in Frankfurt** zur IAA 1961

„Apart und der Automode voraus. Die Frontansicht zeigt ein rassiges, sportliches Profil." Citroën

erste Ami 6 rollt aus einer sich langsam öffnenden Weltkugel vor das Premierenpublikum. Äußerlich unterscheiden sich die präsentierten Vorserien-Ami 6 durch Aluminiumzierleisten über dem Kühlergrill und fehlende Stoßstangenbügel von der späteren Serie, lediglich einzelne hat man mit den Bügeln versehen. Allen frühen Ami 6 ist gemein, dass die hinteren Fenster nicht verschiebbar sind und die Heckklappe nur von innen per Zugmechanismus zu öffnen ist. Letzteres ist Journalisten zu umständlich, was dann wohl auch den Ausschlag zur Änderung gibt. Die verspätete und multiple Premiere des Ami 6 erweist sich so

Spiegelbilder Für den ersten Folder der Citroën Cars Slough Ltd. werden kurzerhand die eigentlich für den kontinentalen Markt gedachten Fotos benutzt. In den Sechzigern eine oft praktizierte Methode.

Was gibt es Neues bei Citroën? Ausstellung

DS 19: **ein neues Instrumentenbrett.** Die offenen Teile sind in einem Nylonpolster eingebettet, die Bedienungsknöpfe dicht vor dem Piloten angeordnet. Scheibenreiniger mit automatischer Nullstellung. Weitere Verbesserungen bei Ventilation, Heizung und Defroster.

ID 19: **ein neues Servo Bremssystem.** Eine Hochdruckanlage, durch ein klassisches Pedal bedient, ersetzt das bis jetzt verwendete einfache System. Der Einbau von **Scheibenbremsen** gewährt diesem Modell erhöhte Sicherheit. Scheibenreiniger mit automatischer Nullstellung.

Ami 6: **das freudig begrüsste neue Citroën-Modell.** Kaum auf dem Markt in Erscheinung getreten, hat es Proben seiner Leistungsfähigkeit abgelegt. Ami 6: 105 kmh - ein ausgewogenes Fahrzeug.

2 CV Citroën: **neue Motorhaube für den Lieferwagen.** Die elegante Motorhaube der 2 CV-Limousine wird in Zukunft auch den Lieferwagen schmücken. PL17 Panhard ergänzt in glücklicher Weise die »Kollektion 62« der Automobile Citroën.

Eine Spezialausstellung für Sie im Restaurant Uhler, am 8., 9. und 10. November, 10 — 22 Uhr. Freier Eintritt!

ami 6
schnittige Form, lebendiges Temperament

Ein Wagen mit eigener Note - mit Charakter

ami 6
Ein Wagen, den nicht jedermann fährt

ami 6
Der Wagen für Sie. Verlangen Sie Prospekte

Füllen Sie den untenstehenden Coupon aus, kleben Sie ihn auf eine Postkarte, und Sie erhalten gratis und unverbindlich Prospekte und Testbericht über den neuen

CITROËN

Bitte senden Sie mir AMI 6-Prospekte.

Name:

Strasse:

Ort:

S. A. André CITROEN
2, rue Grenus
GENEVE

was ist zu gewinnen? ein Citroën Ami 6

Wettbewerbskarte

die sechs Fragen:

„Rendez-vous mit einem Freund fürs Leben" Die Ami 6-Publicity in der Schweiz ist unkonventionell, was vor allem auf den engagierten Karl Schori von der S.A. André Citroën in Genf zurück geht. Alle Motive von 1961.

kommen Sie zum **Rendez-vous** Citroën 1962...

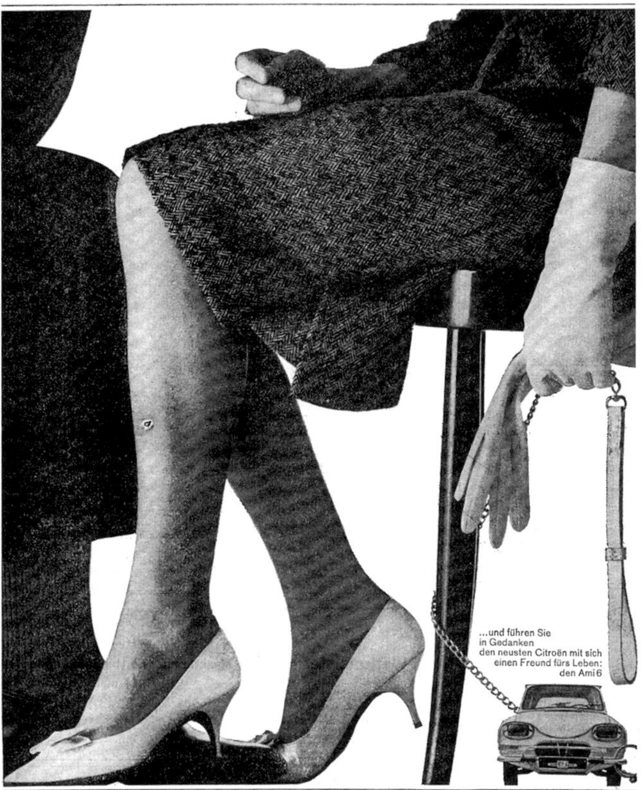

Rendez-vous Citroën 1962
im Kongresshaus Zürich
vom 29. November bis 1. Dezember 1961 täglich geöffnet von 10 bis 22 Uhr
mit grossem Wettbewerb Preis: ein Citroën Ami 6 — wie abgebildet
lässt sich von jedermann gern an die Leine nehmen
Wettbewerbsformulare liegen im Kongresshaus auf

Gerstner + Kutter

als Vorteil, denn Auffälligkeiten können abgestellt werden, bevor die eigentliche Serie anläuft. Auf dem Pariser Autosalon im Oktober 1961 wird ein Problem sichtbar, das auf der Frankfurter IAA im September nicht aufgefallen war. [16] Trotz stabilisierender Falten und Sicken ist die Blechstärke des Ami 6 mit 0,5 mm so dünn, dass man sich nur beherzt anlehnen muss, um Beulen zu hinterlassen. Das spricht sich schnell herum: „Kunden" (oder Konkurrenten?) traktieren die Wagen ständig, so dass man sie jeweils nach Messeschluss austauschen muss. Die langsam startende Serie (rund 7.000 Fahrzeuge in Rennes, rund 1.800 in Forest seit April 1961) wird noch im laufenden Monat auf eine Blechstärke von 0,7 mm umgestellt.

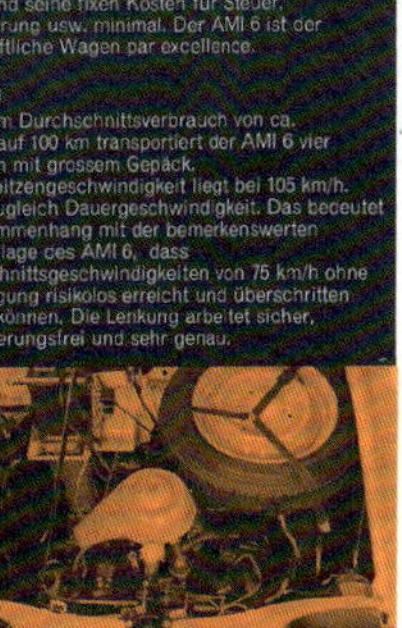

Äusserst wendig dank seiner geringen Aussenmasse bietet der AMI 6 durch seine geschickte Raumaufteilung einen grossen wohnlichen Innenraum mit der Behaglichkeit, die Sie von Ihrem eigenen Heim her gewohnt sind. Bei hoher Leistung bleibt der AMI 6 wirtschaftlich im Verbrauch wie in den fixen Kosten. Er ist robust, praktisch und immer zuverlässig und wird nicht zuletzt durch seine Form und die Eleganz seiner Silhouette gefallen.
Jede Eigenschaft des AMI 6 ist gründlich erarbeitet und gut auf die Gesamtkonstruktion abgestimmt. Alles ist Harmonie in Ihrem ami6

Sachliche Werbung Zu Beginn wird der Ami 6 als perfekte Mischung kleiner und großer Autos beworben. Er sei der Liebe zwischen 2CV und DS entsprungen, schreibt L'Aurore. Citroën formuliert es in Deutschland von Anfang an sachlicher: „Der Ami 6 ist eigentlich ein weiterentwickelter 2CV." Die Bilder der ersten Prospekte stammen vom Fotografen André Martin.

Im ADAC-Magazin Motorwelt ist zu lesen, dass Citroën mit dem Ami 6 eine neue Epoche des großen kleinen europäischen Automobils eingeleitet habe, die sich den heutigen Verkehrsbedingungen und dem Wohlstand anpasse (5/1961).

„Auf jeden Fall wieder ein vernünftiges Auto, bei dem letzten Endes alles davon abhängen wird, ob das Zahlenverhältnis:

Innovation im Detail

„Charakteristisch für die Frontgestaltung sind die rechteckigen Scheinwerfer. Bei den Scheinwerfern hat sich die französische Firma Cibiè etwas Besonderes einfallen lassen. Um das Licht nicht, wie bisher üblich, nach unten und oben beschneiden zu müssen, baute man zwei Zusatzspiegel ein, die oberhalb und unterhalb die Wirkung des Hauptspiegels ergänzen, so daß der Lichtstrahl seine volle Intensität erhält." Motorwelt, 5/1961

4 Türen, 4 echte Plätze, 6 l Verbrauch, etwa 105 km/h aus sehr wirtschaftlichen 18 PS und 600 cm^3 eine Kaufsumme ergeben wird, die den Ami 6 nicht allzu sehr ins Preisfeld der echten Mittelklassewagen drängt," prognostiziert hobby im Mai 1961. Der Startpreis für die Bundesrepublik wird auf 5.450,- DM festgelegt. „Wenn der Generaldirektor eines deutschen Werkes (zu diesem

Tour de Suisse im Ami 6 Reklamefahrt im Vorfeld des gleichnamigen Fahrradrennens mit drei Ami 6 durch die gesamte Schweiz, Mai 1962.

Preis) einen 600 cm^3-Wagen anbieten wollte, würde man ihn am gleichen Tag in Pension schicken, und das nicht zu Unrecht," schreibt MOT im September 1961. Durch den ebenfalls neuen Renault 4 wird die Marktlage zu Lasten des Ami 6 noch zusätzlich verschärft. Er ist ähnlich konfiguriert, aber stattliche anderthalbtausend Mark preiswerter (3.990,- DM).
So sieht Auto, Motor und Sport (9/1961) im „R4" auch eine „weit konsequentere Neuausgabe des berühmten super-primitiven 2CV". Der Verkauf des Ami 6 in der Bundesrepublik Deutschland beginnt also unter schlechten und zumindest hinsichtlich des Verkaufspreises hausgemachten Vorzeichen.

Citroën Ami 6 Standaard

Am 15. Januar 1962 kommt in den Niederlanden ein vereinfachter Ami 6 mit 2CV-Sitzen, ohne Stoßstangenbügel, verchromte Scheinwerferringe, Parkleuchten und Dachhimmel. Bis 1963 ist er bestellbar. Unten: Ami 6-Werbekarten, Schweiz, 1962.

Sehr geehrte Dame
Sehr geehrter Herr,

Sie haben soeben mit dem neuen CITROËN AMI 6 eine Probefahrt gemacht. Dürften wir Sie bitten, uns in einigen Worten Ihren Eindruck über diesen Wagen bekanntzugeben?

Wir danken Ihnen.

Bemerkungen: ......

Name: ...... Vorna

Strasse: ...... Wohn

Billett für eine Gratisfahrt mit dem Citroen AMI 6

Ab Globus an **ein** bei der Abfahrt anzugebendes Ziel auf dem Gebiet der Stadt Zürich.

Gültig am 22., 23., 24. und 25. Januar 1962 von 10 bis 18.30 Uhr.

Die Autos sind hinter dem Päckli-Service bei der Globus-Passerelle parkiert.

Globus

1962 Im Mai bringt L'auto-journal einen Langzeittest, der die Qualität des Ami 6 beweist: Nach 25.000 Kilometern ist am zerlegten Testobjekt kein Verschleiß erkennbar. Im selben Monat wird ein Ami 6 auf der Motor Show in New York gezeigt, gleichzeitig beginnt der Verkauf in Nordamerika. [17] Um den Absatz zu steigern, folgt man dem seit Anfang 1962 in den Niederlanden beschrittenen Weg und senkt in Frankreich (und Deutschland) die Preise. Seit dem 1. September 1962 gibt es die Versionen „Tourisme" (Standard) und „Confort" (Export), die sich vor allem durch die verschiebbare Sitzbank im „Confort" unterscheiden. Beide Versionen kosten in Deutschland 4.990,- bzw. 5.190,- DM

Pour vous madame Der mit ästhetischen Fotografien bebilderte Prospekt erscheint 1962 und wird in viele Sprachen übersetzt.

und liegen damit weit unter dem anfänglichen Preis. Auch die zentrale Marketingaussage wird neu formuliert: Ähnlich wie in der Schweiz („Freund fürs Leben") wird der Ami 6 nun als idealer „Freund" für die moderne Frau von Welt dargestellt.

Beni Truttman und Marc Ribaud setzen ihn fotografisch in Szene, etwa in Versailles, auf dem Pariser Place de la Concorde und am Place Vendôme. Ein so bebilderter Prospekt „Pour vous Madame" (USA: „For you, Madame") ist in seiner französischen Ausgabe emotional, humorvoll und voll subtiler Anspielung: Madame hat bei den Unterhaltskosten keinen Blick für die Auslagen von Van Cleef & Arpel's, sondern nur ... für ihren neuen Ami 6.

Cette Ami très parisienne Der Ami 6 als idealer „Freund" für die moderne (französische) Frau. Auch Frankreichs Präsidentengattin Yvonne de Gaulle fährt einen. Werbewirksam hatte man ihr auf dem Pariser Salon 1961 die Wagenschlüssel überreicht.

Bei der österreichischen „Wintertourenfahrt 1962" kommt dem Ami 6 sein Frontantrieb zu Gute: In der Klasse bis 600 cm^3 fahren Rudolph Loes und Karl Obrecht trotz widriger Straßenverhältnisse Gold ein, auch der Wiener Citroën-Importeur Rudolph Smoliner gewinnt dort mit einer DS. Einen Verbrauchssieg erzielt ein Ami 6 auf der spanischen „Mobil Run International". Bei einem Schnitt von 78,06 km/h verbraucht er weniger als 4,5 Liter Benzin.

Ami 6 1962 Originale Farbstudie auf einer Messe in Essen, April 2011. Vorherige Seite: Das charakteristische Transportband im Werk Rennes-La Janais. Bild: Rene Burri / Magnum Photos / Agentur Focus

1962

Doch trotz aller Anstrengungen und Erfolge bleibt der Ami 6 am Ende des ersten kompletten Modelljahres 1962 mit 85.358 produzierten Exemplaren hinter den Erwartungen zurück. Auch die Kapazitäten in Rennes-La Janais sind kaum ausgelastet, ein kleiner Teil der Produktion stammt überdies aus der belgischen Citroën-Montage in Forest (vor allem für die Benelux-Länder und die Bundesrepublik Deutschland). Nach Deutschland gehen nur 1.606 Stück und damit lediglich 1,9 % der Jahresproduktion. Inspiriert vom kompakten Renault 4 und Forderungen nach einer praktischeren Version des Ami 6, lässt Karosseriebauer Heuliez im August 1962 zwei Prototypen eines Kombi zu und bietet sie Citroën an. Der Entwurf wird zwar von Bertoni in Augenschein genommen, doch Firmenchef Pierre Bercot mag keine Kombis – französisch „Break" – und lehnt schließlich ab. Robert Opron, der auf Geheiß von Flaminio Bertoni als Designer zu Citroën geholt wird, [18] erinnert sich, dass Händler in Folge mit Wünschen nach einem Break sogar in der Designabteilung vorsprechen. Bertoni und Dargent (später auch Opron) befassen sich dort inoffiziell und auf Veranlassung des Citroën-Vertriebs seit mindestens Mai 1962 mit einem Ami 6-Kombi. Als Bercot davon Wind bekommt, untersagt er alle Arbeiten mit sofortiger Wirkung. Doch da ist der Ami 6 Break schon so gut wie fertig.

„Macht was ihr wollt, aber ohne mich. Ich bin kein Lastwagenhersteller."
Citroënchef Pierre Bercot zur Breakversion des Ami 6

1963 Für zwölf Leserinnen und Leser der Zeitschrift Hobby beginnt das Jahr 1963 mit einer freudigen Überraschung, denn im Rahmen eines Preisausschreibens sind 12 nagelneue Ami 6 verlost worden. Offenbar in enger Zusammenarbeit mit Citroën gilt es Fragen wie „Welche Antriebsart besitzt der Ami 6?" oder „Wie sieht das Lenkrad des Ami 6 aus?" zu beantworten. Schon zuvor hatte das Technikmagazin aus Stuttgart über den Ami 6 berichtet, so etwa in Ausgabe 11/61 mit einem unterhaltsam inszenierten Autotest „Mon ami – Ami 6".

Citroën stellt seine 1963er-Modelle vor...

Nachdem das mit den vom 2CV stammenden Reibungsdämpfern verbundene Aufschaukeln zunehmend kritisiert wird, wer-

7282 BH

Schattendasein Dieses dynamische Pressefoto aus dem Jahr 1963 ändert nichts daran, dass der Ami 6 in Großbritannien ein klägliches Dasein fristet. Bis 1969 werden gerade 66 Limousinen (nach anderen Quellen 70) und 635 Break für den dortigen Markt hergestellt.

Usine Citroën La Janais Sechs fabrikneue Ami 6 verlassen im Jahr 1962 per Autotransporter das Werk. Zugfahrzeug ist ein U 23 mit Heuliez-Karosse (oben). Blick auf den Mitarbeiterparkplatz 1963 (rechte Seite). Bis heute gilt Rennes-La Janais als industrieller Leuchtturm für die ganze Region.

den ab März 1963 herkömmliche Stoßdämpfer montiert („Die Forderung nach hydraulischen Dämpfern ist nur zu berechtigt," Motorwelt 11/1961). Im August findet sich in belgischen AK 350 und AKL Week End dann erstmals Ami 6-Technik auch in der Ente. [19] Ab September lässt sich die Motorhaube des Ami 6 per Seilzug von innen öffnen, außerdem leistet der Motor durch eine Änderung der Verdichtung statt der bisherigen 22 SAE-PS jetzt 25,5 SAE-PS (24,5 DIN-PS). Damit ist theoretisch eine Geschwindigkeit von nun 112 km/h (zuvor 105 km/h) erreichbar. Ab Oktober 1963 ist die vom 2CV bekannte Fliehkraftkupplung optional bestellbar und im Dezember entfällt das stehende Bremspedal zugunsten eines hängenden Pedalwerkes.

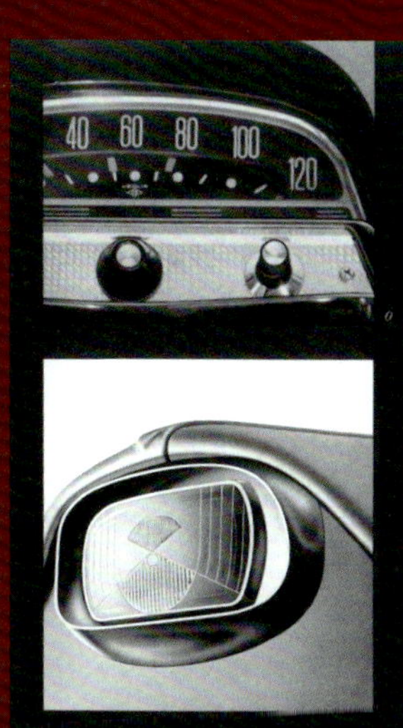

1963 steigert sich der Absatz um rund 20%, insgesamt werden 106.224 Ami 6 verkauft. Gleichzeitig verlassen aber – praktisch in Sichtweite der Zentrale am Quai André Citroën – 270.403 R4 die Bänder der Renault-Fabrikinsel Seguin von Boulogne-Billancourt. Ein Umdenken in Sachen Break beginnt.

1964 Dank der Vorarbeit von Bertoni und Dargent kann schnell ein „Break" entwickelt werden, der am 2. Juli 1964 als „Type AMB" offiziell zugelassen wird (erstmals wird dabei auch das Außengeräusch geprüft: 81,5 Dezibel). Journalisten sehen den Break im mondänen Restaurant Pré Catalan im Pariser Bois de Bologne zum ersten Mal, es folgt die Präsentation auf dem 51.

Erfolgskombi Der Ami 6 Break entwickelt sich sofort zum Erfolgsmodell. Die charakteristischen frühen Werbefotos im herbstlichen Umfeld entstehen Ende 1964 im Umland von Paris. Links: Anzeige in einer Zeitschrift, 1965.

Pariser Autosalon, der am 6. Oktober 1964 eröffnet wird. Bertoni, dem ohnehin eine Abneigung gegen Automessen nachgesagt wird, erlebt das nicht mehr: Nach einer internen Besprechung erleidet er einen Schlaganfall und verstirbt am 7. Februar 1964. Trotz aller Kompromisse sah er im Ami 6 seine liebste Kreation, verkörperte er doch – gleich einer dynamischen Skulptur – seinen Hang zur barocken Kunst. Vor allem Wagenflanken und rückwärts geneigte Heckscheibe drückten diese Vorliebe aus. Anfangs ist der Ami 6 Break in drei Ausstattungen erhältlich: Die Grundversion hat 4 Sitzplätze, daneben gibt es eine mit 5 Plätzen und eine mit klappbarer Rückbank sowie leicht erhöhter

Les chiens, les fusils du chasseur et son gibier, les provisions de la ménagère, les lignes et les nasses du pêcheur, le petit bétail du fermier, les ballons et les parasols des vacances, les paniers du pique-nique, les pots et les plantes du jardin, la lampe ancienne ou le fauteuil rustique dénichés chez l'antiquaire, le chevalet, les cartons du peintre amateur et ses boîtes de couleurs, les rames ou le moteur du canot, la famille et ses enfants, tous, tout, partout, en semaine, en week-end, à la ville comme à la campagne, trouveront place dans le break AMI 6

CITROËN

„Schluss-Brems-Blinker-Nummernschildleuchte“ Ab April 1965 sind – wie auf diesem in Brüssel fotografierten Exemplar – deutsche Ami 6 und Ami 6 Break mit Hella-Rückleuchten (offizielle Citroën Bestellnummer AMB 544-505) und passenden Trägerplatten aus Alu ausgerüstet. Ansonsten gibt es im Modelljahr 65 wenig Neues: Seit November 1964 sind Sicherheitsgurte bestellbar, im Juli 1965 kommen neue Innenverkleidungen, der Break erhält modifizierte Radbremszylinder. Foto: Wolf Eggers.

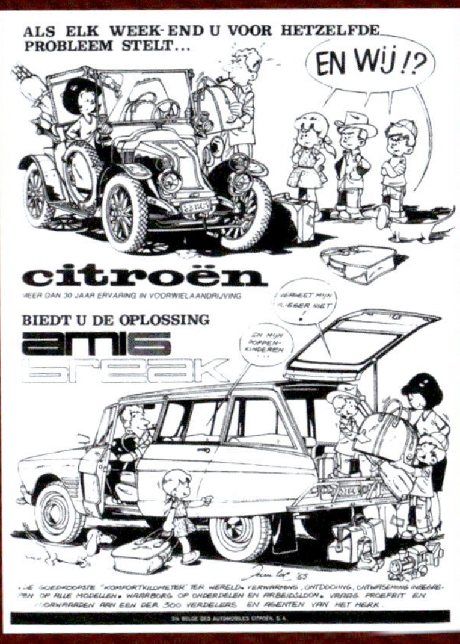

Stilfragen Unterschiedliche Break-Werbungen aus Belgien (links) und der Schweiz (oben), beide 1965

Nutzlast („Break", „Familiale" und „Commerciale"). Auf Wunsch wird der „Break-Personenwagen und das Kombi-Fahrzeug mit einem Abdeckboden für das Heckabteil ausgestattet, so dass die Möglichkeit gegeben ist, Gepäck und anderes Ladegut besonders bequem unterzubringen" (Citroën-Prospekt 1/65).

1965 Schon im ersten Jahr des Break („Ein eigenwilliger, bescheidener, kleiner Allzweckwagen mit praktischer Baukastenkarosserie", Motor-Rundschau, Juni 1965) zeigt sich, dass der Entschluss zu seiner Entwicklung richtig war. Die Produktion nimmt insgesamt stark zu, wobei die Limousine mit 47.574 gegenüber 110.493 Breaks sofort stark ins Hintertreffen gerät.

Durchbruch nach Verlängerung „Die Karosserie des Break entstand aus der Limousinenform und macht aus dem modisch etwas verunglückten Ami 6 ein in Raumaufteilung und Aussehen gelungenes Auto," schreibt die Motor-Rundschau im Juni 1965. Die Rückleuchten des Break stammen übrigens vom Citroën DS Break.

Liberalisierung In Frankreich liberalisiert seit Januar 1966 Finanz- und Wirtschaftsminister Michel Debré den Bankensektor. Privatkredite werden erleichtert, wovon auch der Absatz des Ami 6 profitiert.

1966 Mit Beginn des Modelljahres 1966 im September 1965 stellt Citroën einen sichtbaren Mangel am Break ab: Bislang quittierte das mit dem Aufbau vernietete Plastikdach jedwedes Türen-schließen mit einem deutlich sichtbaren Flattern, weshalb es nun mit einer dritten Verstärkungssicke im Dach produziert wird. Wie beim Ami 6 Break sitzen ab Mai 1966 auch bei der Limousine die hinteren Reflektoren auf den Ecken der Kotflügel, daneben wird die Elektrik von 6 auf 12 Volt umgestellt, was bei US-Versionen schon seit Juni 1962 der Fall ist. Gleichzeitig bekommen alle Ami 6 einen anders gestalteten Kühlergrill mit drei horizontalen Querstreben, ein schwarz unterlegtes Armaturenbrett und einen neuen Dachhimmel.

Ab September 1966 gibt es drei neue Farben („Beige Nankin", „Gris dandy" und „Rouge cornaline") und damit erstmals auch einen Ami 6 aus Rennes-La Janais in roter Werkslackierung. Wer will, kann ihn auch mit einer verstärkten Heizung „Grand froid" bestellen. Serienmäßig: Lenkradschloss, ein Behälter für Wischwasser und etwas mehr Leistung (28 SAE-PS). Außerdem verfügen jetzt auch alle Breaks über eine 12 Volt-Anlage.

Um die neue Schlechtwettertauglichkeit des Ami 6 unter Beweis zu stellen, schickt Citroën im Herbst 1966 zwei Breaks auf eine „Tour de France." Damit es zu keinen müdigkeitsbedingten Pau-

Tour de France Im Herbst 1966 starten zwei Ami 6 Break zur „Tour de France en Ami 6". Hier sind beide Fahrzeuge am Startpunkt – dem nächtlich beleuchteten Werkstor in Rennes-La Janais – zu sehen.

sen kommt, sind beide Fahrzeuge mit jeweils zwei Piloten besetzt, die sich abwechseln. Alles steht unter Beobachtung des französischen Motorsportverbandes, der die Motorhauben verplombt hat und auch die Fahrt mit einem Citroën DS verfolgt. Nach exakt 23 Stunden und 11 Minuten erreichen beide Fahrzeuge unbeschadet und werbewirksam ihren Zielort Paris. Bis dahin sind

CH
DEFENSE DE FUMER
chaine de montage
ami6
EUROPARC
DÉCOREZ
ET MONTEZ VOUS-MÊME VOTRE MINIATURE

Tour de France II Die beiden Rallye-erprobten Ami 6 Break in winterlicher Dekoration im Citroën-Verkaufsraum an den Champs Elysées (oben). Die neue Farbe „Rouge Cornaline“ am Transportband von Rennes-La Janais, das es sogar als Spielzeug gibt (linke Seite).

bei einem Schnitt von knapp unter 90 Stundenkilometern ganze 2.077 Kilometer zurückgelegt. Noch im selben Jahr ergibt eine Umfrage, dass 19,25 % aller Französinnen und Franzosen entsprechend ihren finanziellen Möglichkeiten einen Citroën 2CV kaufen würden. Mit 10,5 % erreicht der Ami 6 den zweiten Platz. Eine Überraschung bringt die Auswertung der Produktionsstatistik: 180.085 Ami 6 (43.763 Limousinen) können im Modelljahr 1966 abgesetzt werden. Damit ist der Ami 6 das meistverkaufte französische Auto des Jahres 1966.

agent citroën 38

Verkaufsrekord 1966

„Er ist nicht schön, er ist relativ teuer, er ist laut und trotzdem ... er ist das meistverkaufte Auto des Jahres 1966"
L'Automobile im Dezember 1966.

Farbenspiele Die Inneneinrichtung aller Ami 6 ist seit September 1965 schwarz unterlegt (oben). Französischer Prospekt 1967 (unten).

1967 Seit Juni leistet der Ami 6-Motor 28 SAE-PS und alle Seitenfenster sind jetzt dank neuer Verschlüsse in beide Richtungen verschiebbar. Erstmals gibt es auf Wunsch auch ein Klappdach wie beim 2CV. Augenfälligste äußere Merkmale sind aber neue Rückleuchten, die eigens für den Ami 6 entwickelt wurden und nun erstmals bei der Limousine eingebaut werden (beim Break folgen sie im Februar 1968). Bei Nacht sind sie besser erkennbar, außerdem tragen sie zur Rationalisierung der

Produktion bei. Weitere Neuerung: INOX-Radkappen ersetzen die bisherigen aus Aluminium. Die Optionsliste zollt der beginnenden Individualisierung Tribut und ist entsprechend lang: Fliehkraftkupplung, Radio, Sicherheitsgurte, Einzelsitze vorne, Lenkradschloss, Wisch-/Waschanlage, Zusatzheizung und viele Polstervariationen, beim Break gibt es Zusatzstoßfänger aus Gummi. Insgesamt sind auch acht wohlklingende Farben mit entsprechenden Einrichtungsvariationen bestellbar: „Blanc carrare“, „Beige nankin“, „Bleu brouillard“, „Bleu week-end“, „Gris rosé“, „Gris etna“, „Vert charmille“ und „Rouge cornaline“. Unter den 169.390 produzierten Ami 6 sind 34.344 Limousinen.

Dynam und MI6

Die in Vigo gefertigten Ami 6 werden in Spanien anfangs als **Citroën 3CV Break** vermarktet, ab September 1967 heißen sie **Citroën Dynam**. In Schweden verwendet Citroën die Bezeichnung **MI6**.

Ami 6 Service „Citroën Italia“ setzt ab Sommer 1968 in Mailand einen perfekt an die damaligen Citroën-Farben angepassten Ami 6 Service als Werkstattwagen ein. Bis 1969 werden 3.518 Ami 6 Service produziert.

1968 Im September 1967 nimmt der „Service des mines“ einen Ami 6 Break in „Clubausstattung“ ab, kurze Zeit später folgt eine entsprechende Limousine. Wie beim Citroën DS „Pallas“ ist der „Ami 6 Club“ besser als das Basismodell ausgestattet. Er verfügt über die schon von Bertoni vorgesehenen Doppelscheinwerfer, die bislang dem US-Export vorbehalten waren, Radzierringe, seitliche Schutzleisten, Scheibenwaschanlage und Einzelsitze mit Seitentaschen. Im Mai 1968 erhalten alle Ami 6 den neuen Motor M28. Er hat eine Leistung von 35 SAE-PS und ist stark überarbeitet worden. Er verfügt über einen Zweikammervergaser, eine veränderte Auspuffanlage und eine verbesserte Heizung. Bereits mit dem neuen Motor ausgestattet ist der ebenfalls im Mai vorgestellte Ami 6 Service. Der praktisch nur in Frankreich erhältliche Zweisitzer hat hinten einen verblechten Aufbau ohne Seitentüren und einen ebenen Laderaum, der per klappbarem

CITR
CA
20
AMI 6 CLUB

Luxusversion Ami 6 Club mit Doppelscheinwerfern wie bei den amerikanischen Exportversionen (und wie beim Citroën 350), Schutzleisten an den Seitentüren, Klappdach und Scheibenwaschanlage. Pariser Autosalon, Oktober 1968.

Monobloc Die ab Februar 1968 bei allen Ami 6 verwendeten Rückleuchten beenden die bisherige Typenvielfalt mit von Land zu Land unterschiedlichen und von anderen Typen stammenden Beleuchtungen. Später gibt es die „Monoblocs" auch beim 2CV (1970 bis 1990).

Beifahrersitz vergrößert werden kann. 370 Kilogramm Zuladung sind erlaubt, die Geschwindigkeit wird mit 120 km/h angegeben. Ab Juni 1968 gibt es ihn voll-verglast.

Im September 1968 gehen weitere kleinere Änderungen in Serie. Alle Ami haben jetzt verschweißte Scheibenrahmen aus Blech, die in der Clubausstattung mit Alu bzw. INOX (Break) kaschiert werden. Insgesamt werden 1968 142.378 Ami 6 verkauft.

Export 1969 Der Ami 6-Vertrieb krankt außerhalb Frankreichs vor allem an hohen Preisen. So kostet ein Ami 6 Break 1969 in der Bundesrepublik Deutschland stattliche DM 5.700,– und damit DM 700,– mehr als der vergleichbare und sogar mit Faltdach ausgestattete „Renault 4 Export". 1967 liefert die Kölner Citroën Verkaufsgesellschaft 1.067 Limousinen und 128 Breaks aus, 1968 sind es 587 bzw. 182.
Bild: Anzeige Italien, 1969.

Transports Citroën Ein Großteil der Ami 6-Produktion wird per SNCF von Rennes-la-Janais aus auf werkseigenen Waggons zu den Bestimmungsorten transportiert, 1968.

1969 Die letzte Ami 6 Limousine wird im Februar 1969 gefertigt. In Rennes-La Janais läuft jetzt der von Robert Opron gestaltete „Type AM 3" vom Band, der am 24. Februar 1969 offiziell abgenommen wird seit März als „Ami 8" im Handel ist. Parallel dazu geht die Produktion des Ami 6 Break noch bis September 1969 weiter. Bis 1971 kann man ihn noch aus Lagerbeständen bestellen, obwohl seit Anfang 1970 auch ein „Ami 8 Break" zu haben ist. Als dessen Produktion 1980 endet, gehört der Ami 6 noch zum Straßenbild Frankreichs, denn er gilt als äußerst preisgünstiges Einstiegsauto. Erst eine Altwagenprämie Anfang der Neunziger lässt dann den Bestand schnell schrumpfen.

Der Neiger

„Was spricht also für ihn? Wer diese Frage stellt, ist in seiner Funktion als typischer Citroën-Käufer bereits äußerst geschwächt, denn ein Auto wie dieses kann man nur mögen oder weit von sich weisen. In diesem Bereich der Sympathie oder Antipathie können auch Meßwerte kaum an Bedeutung gewinnen, weil der eventuelle Käufer den Boden der Vernunft meist schon nach Betrachten des Objektes verlassen hat. Der Ami 6-Käufer ersteht kein schönes Auto, kein schnelles und kein sonderlich preiswertes. Aber mit einem guten Kumpel kann er rechnen."

Klaus Westrup in Auto, Motor und Sport, Heft 23/1968

Gesamtübersicht Produktion Ami 6

		Break
1961*	19.010	
1962	85.358	
1963	106.224	
1964	121.819	
1965	47.574	**110.493**
1966	43.763	**136.322**
1967	34.344	**135.046**
1968	26.632	**115.746**
1969	4.348	**46.107**

Abgesehen von der bei Panhard in Paris montierten Vorserie wird der größte Teil aller Ami 6 ab April 1961 im Werk Rennes-La Janais produziert. Von Bedeutung ist daneben noch das Werk Forest bei Brüssel.

Produktion Forest

1961	1.799	**1962**	6.501	**1963**	8.339	**1964**	9.114
1965	12.500	**1966**	8.707	**1967**	8.875	**1968**	4.477

Kleine Quantitäten des Ami 6 Break kommen seit Ende 1964 aus Werken in Mangualde und Vigo, daneben wird der Ami 6 auch in Madagaskar montiert. Die Produktion der Limousine endet im Februar 1969, die des Break Anfang September 1969. Parallel zum Ami 8 bleibt der Ami 6 bis April 1971 aus Lagerbeständen lieferbar, 570 werden noch zugelassen. Citroën gibt die Gesamtzahl aller Ami 6 mit 1.039.384 an, davon 483.986 Limousinen und 551.880 Break sowie 3.518 Service/Entreprise.

* Alle Jahresangaben beziehen sich auf französische Modelljahre, die jeweils vom 1. September bis zum 31. August des Folgejahres gezählt werden.

AC 144 Blanc carrare

Citroën Ami 6 Typ „AM" / 1961

Service des mines erteilt Serie „AM" nach Erprobung eines Vorserienmodells (Fahrgestellnummer 000 9001) am 31. März 1961 die Zulassung.

Karosserie Blechkarosse auf Plattformrahmen. Blechstärke 0,5 mm, 0,7 mm (10/61) Anbauteile verschraubt, Kunststoffdach vernietet. Zierleisten, Stoßstangen (F: Nummernschildfläche schwarz) und Radkappen aus Alu. B/NL: „Grand luxe" zusätzlich mit C-Säulen-Verzierung, Schmutzfänger hinten (bis 5/68). Faltdach (2/63, in F 6/67)

Motor Luftgekühlter 2-Zylinder-Boxer mit 602 cm^3. 22 SAE-PS bei 4.500 U/min, 3 Steuer-PS in Frankreich („3CV"), Geräusch: 85 Phon. Solex Vergaser 30 PBI, 30 PICS (11/1961). 25,5 SAE-PS mit 4.750 U/min (6/63). 28 SAE-PS mit 5.400 U/min (9/66), ab 5/68 als **Serie AM2 PA**: Neu konstruierter, luftgekühlter 2-Zylinder-Boxer mit 602 cm^3 („M28"), 35 SAE-PS (32 DIN-PS) bei 5.750 U/min, Solex-Doppelvergaser, Geräusch: 80,5 db A

Federung Reibungs- und Schwingungsdämpfer. Stoßdämpfer vorne & hinten statt Reibungsdämpfer (ab 6/63)

Antrieb 4-Gang-Getriebe, Rückwärtsgang, Option: Fliehkraftkupplung: Gänge kuppeln unterhalb 1.000 U/min automatisch aus, Stehenbleiben und Anfahren ohne zu kuppeln (10/63)

Bremse/Lenkung Einkreisbremsanlage (LOCKHEED, hydraulisch, DOT), Handbremse an Vorderräder (547 cm^2- bzw. 355 cm^2 Bremsfläche)

Maße/Füllmengen/Gewicht Länge: 3,92 m Breite: 1,52 m Spur v/h 1,26/1,222 m Motoröl 2,25 Liter, Getriebeöl: 1 Liter, Tank 25 Liter, Leergewicht (inkl. 5 Liter Tankinhalt) 640 kg, Nutzlast 320 kg

Elektrik Cibie-Scheinwerfer mit Zusatzspiegel. Vier Rückleuchten und Nummernschildbeleuchtung (4/61), „Monobloc"-Rückleuchten (6/67). Batterie 6 Volt 45/50 Ah. Lichtmaschine, Seilzuganlasser. 12 Volt 32 Ah (6/66). USA: Vier Rundscheinwerfer, Blinker direkt darunter, Anfangs teilweise 6 Volt, später generell 12 Volt und Sicherungen (4/62). D: Andere Rückleuchten (4/65), B/NL: Belgische „Monoblocks" mit integrierten Reflektoren (09/62 – 09/65 & 9/66 – 1/68), Parkleuchten (1962 – 1966)

TECHNICAL SPECIFICATIONS
CITROËN AMI-6

ENGINE — OHV Air-cooled—602cc capacity —Comp. Ratio 7.25/1—Horizontal opposed cylinders.

TRANSMISSION — 4 Speed forward full synchromesh plus reverse. Clutch; single dry disc —Front Wheel Drive.

SUSPENSION — Independent on each wheel, with special helical spring interconnection and wheel dampers.

STEERING — Rack & Pinion type—2¾ turns lock to lock.

BRAKES — 4 wheel hydraulic — inboard front brakes—mechanical handbrake.

ELECTRICAL — 12 volt system with fuse box.

WHEELS — 15″ Wheels, with 3 bolt attachment.

DIMENSIONS & CAPACITIES

Wheelbase	94½ inches
Width	60 inches
Overall Length	155 inches
Weight	1420 lbs.
Fuel Tank	6.5 gal.
Crankcase	2 quarts
Gearbox & Differential	2 pints

ECONOMY — 40-45 miles per gal.

PERFORMANCE — Speeds up to 70 mph. Cruising speed over 65 mph.

STANDARD EQUIPMENT — Heater & Defrosters, Fresh Ai fusers, dual electric wind wipers, turn signals, armrests, rior light, sunvisors, contour foam rubber upholstery, dual lamps, etc.

COLORS — Arizona Blue, Lavender Blue Rose, Golf Yellow, all with Ice or Solid Ice with matching u stery.

BODY — 4 door—4 passenger all steel bo reenforced heavy duty steel form. Soundproof reenforced p top. Aluminum and stainless trim. Approved Safety throughout.

Sales and Service throughout the U.S.A. by Authorized Citroën AMI-6 Deal

Your Citroën Dealer is:

Printed

Specifications & Equipment subject to change with

Bereifung Michelin 125 - 380 X (135 - 380 X auch zulässig)

Leistung Verbrauch: ca. 6 Liter Benzin, Super bei 75 km/h. Höchstgeschwindigkeit: 105 km/h (1961), 114 km/h (1966)

Inneneinrichtung und Lackierung Heckklappenschloß von außen zu öffnen, hintere Schiebefenster (8/61), 2CV-Sitze (Ami 6 Standard, NL 1/62), Spezieller Diebstahlschutz (D bis 1/63), Kofferraum verkleidet (B/NL), Wisch-/Waschanlage (Deutschland & Italien 3/63), Motorhaubenzug (7/63), neue Pedalerie (12/63), Heizung „Grand froid", Lenkradschloß, Inneneinrichtung schwarz unterlegt (B/NL 12/63 bzw. F 9/66). Beidseitig schiebbare Seitenfenster (6/67), B/NL: Rückspiegel teilweise am Wagendach, Tacho-Blendschutz aus Weichplastik. Anfangs: „Blanc carrare" (AC 144), „Vert absinthe" (AC 512), „Bleu avril" (AC 608) und „Gris liban" (AC 149) (seit 1961) in B/NL auch „Grand luxe" Zweifarblackierungen (Gesamtaufstellung Seite 81)

Citroën Ami 6 Break Typ „AMB" / 1964

Service des mines erteilt Serie „AMB" nach Erprobung eines Vorserienmodells (Fahrgestellnummer 009 100 000) am 2. Juli 1964 die Zulassung.

Karosserie Wie AM, jedoch anderer Dach- und Heckabschluß mit großer Heckklappe. Zentrale Sicke im Dach zur Verstärkung (9/65), „Service Break" ohne hintere Seitentüren (5/68), vollverglast (6/68)

Die erste französische Breakversion von 1964, die Rückleuchten sind vom Citroën ID/DS Break übernommen. 1965 folgt eine mittlere Dachverstärkung, im Sommer 1967 kommen Monobloc-Rückleuchten.

Motor Wie AM, aber 25,5 SAE-PS bei 4.750 U/min (6/63). 28 SAE-PS mit 5.400 U/min (9/66), Geräusch: 81,5 db A. ab 5/68 als **Serie AMB 2 PA**: Neu konstruierter, luftgekühlter 2-Zylinder-Boxer-Motor mit 602 cm^3 („M28"), 35 SAE-PS (32 DIN-PS) bei 5.750 U/min, 3 Steuer-PS in Frankreich („3CV"). Solex-Doppelvergaser, Geräusch: 80,5 db A

Elektrik Batterie 6 Volt 45/50 Ah, 12 Volt 32 Ah (9/66). Vier Rückleuchten (Seima-Kappen vom ID/DS) und Nummernschildbeleuchtung. D: Gelbe statt rote Blinker, bei Fahrzeugen aus Belgien: Hella-Schlußleuchten (4/65). Monobloc-Rückleuchten bei allen (6/67)

Maße/Füllmengen/Gewicht Länge: 3,95 m Breite: 1,52 m Spur v/h 1,26/1,222 m Motoröl 2,25 Liter, Getriebeöl: 1 Liter, Tank 25 Liter Leergewicht (inkl. 5 Liter Tankinhalt) 690 kg, Nutzlast 320 kg, (mit Michelin 135 - 380 X: 370 kg), maximale Anhängelast ungebremst 340 kg, gebremst 600 kg

Bereifung Michelin 125 - 380 X und 135 - 380 X

Leistung Verbrauch: ca. 6,7 Liter Benzin/Super bei 70 km/h. Höchstgeschwindigkeit: 110 km/h (4 Plätze) bzw. 107 km/h (5 Plätze/Commerciale)

Citroën Ami 6 Club Typ „AMB", Serie PA & AM2 PA / 1967

Service des mines erteilt Serie „AMB, Serie PA" nach Erprobung („Super contrôle") eines Vorserienmodells (Fahrgestellnummer 200 000) am 26. September 1967 die Zulassung.

Antrieb & Bremse/Lenkung & Bereifung Wie Typ AMB.

Motor Seit 10/67 wie „AMB"/„AM", dann ab 5/68 als **Serie AM(B) 2 PA**: Neu konstruierter, luftgekühlter 2-Zylinder-Boxer-Motor mit 602 cm^3 („M28"), 35 SAE-PS (32 DIN-PS) bei 5.750 U/min, 3 Steuer-PS in Frankreich („3CV"). Solex-Doppelvergaser, Geräusch: 80,5 db A

Maße/Füllmengen/Gewicht Länge: 3,958 m Breite: 1,524 m

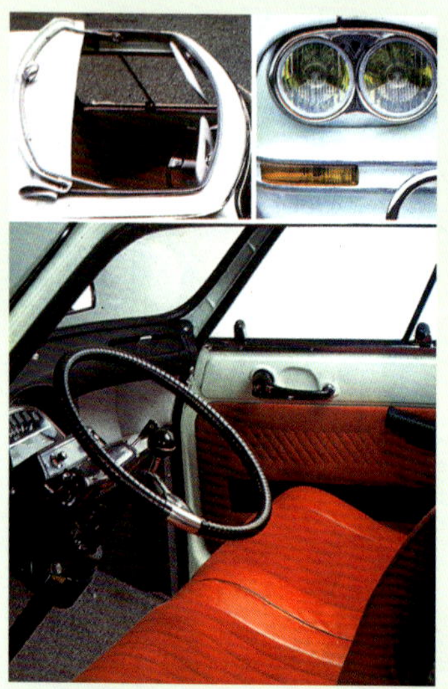

Ami 6 Club: Angesichts kurzer Bauzeit eine sehr rare Variante.

Spur v/h 1,26/1,222 m Motoröl 2,25 Liter, Getriebeöl: 1 Liter, Tank 25 Liter, Leergewicht (inkl. 5 Liter Tankinhalt und Zusatzheizung) 730 kg, Nutzlast 360 kg, Anhängelast gebremst: 500 kg

Elektrik Vier Scheinwerfer, „Monobloc"-Rückleuchten, Batterie 12 Volt 30 Ah bzw. 40 Ah

Leistung Verbrauch: 6,4 Liter Benzin/Super bei 75 km/h. Höchstgeschwindigkeit: 123 km/h (errechnet: 107 km/h)

Inneneinrichtung Wie „AMB"/„AM", jedoch mit aufgewerteter„Clubausstattung" (als Limousine ab 5/68): Verbesserter Teppich, unterschiedliche Stoff/Kunstleder-Farbkombinationen im Innenraum: Sultanblau, Grau, Havanna, Rot.
Vorne verschieb- und verstellbare Liegesitze mit Seitentaschen, andere Türverkleidungen, seitliche Rammschutzleisten an Türen und hinteren Kotflügeln, Zierleisten um Türscheibenrahmen (Break: Inox, Limousine: Alu), „Pallas"-Zierleiste an C-Säule (nur Limousine), Weißwandzierringe. Modifizierte Heizung (5/68). Option: Klappdach, Kopfstützen

Ami 6-Farben 1961 bis 1969

1961 „Blanc carrare" (AC 144)
„Vert absinthe" (AC 512)
„Bleu avril" (AC 608)
„Gris liban" (AC 149)

1962 „Bleu lavande" (AC 614)
„Vieux rosé" (AC 413)
(9/62 – 9/63)
„Bleu Arizona" (AC 613)
„Jaune golf" (AC 312)
(9/62 – 6/64)
„Gris typhon" (AC 147)
(ab 9/62)
„Bleu Pacifique" (AC 607)
„Rouge Estérel" (AC 408)

1963 „Jaune de Naples" (AC 313)
„Vert jade" (AC 517)
(9/63 – 6/64)
„Gris temps perdu" (AC 107)
(9/63 – 9/66)
„Blanc paros" (AC 102)
(9/63 – 9/65)
„Rouge carmin" (AC 411)
„Vert olive" (AC 510)

1964 „Bleu ardoise" (AC 105)
(6/64 – 9/65)
„Vert agave" (AC 514)
(6/64 – 9/66)
„Gris rosé" (AC 136)
(6/64 – 9/67)
„Bleu de Province" (AC 612)
„Gris sable" (AC 104)
„Rouge Carmin" (AC411)
„Vert hedera" (AC518)

1966 „Gris dandy" (AC 138),
„Bleu Monte Carlo" (AC 602)
„Bleu d'Orient" (AC 616)
„Gris Etna" (AC 118)
„Bleu brouillard (AC 117)
(9/66 – 9/67)
„Rouge cornaline" (AC 419)

1967 „Bleu week-end (AC 625)
(7/67 – 1/68)
„Bleu Cristal" (AC 626)
„Bleu spatial" (AC 627)
„Vert charmille" (AC 522)
(9/67 – 4/69)
„Rouge cornaline" (AC 419)
„Beige Nankin" (AC 126)
„Gris clair" (AC 132)
„Gris cyclone" (AC 119)
„Gris typhon" (AC 147)
„Vert Jura" (AC 509)

1968 „Or sombre" (AC 302)
(9/68 – 3/69)
„Rouge corsaire" (AC 403)
„Blanc stellaire" (AC 097)
„Beige antilope" (AC 094)
„Gris Kandahar" (AC 133)
„Blanc Everest" (AC 098)
„Vert Ilicinee" (AC 521)

1969 „Bleu mésange" (AC 629)

Felgen in „Gris rosé" (AC 136) bzw. „Gris jantes" (AC 140) seit 9/67.

Belgische Farben kursiv gedruckt.

Kaufberatung

Guide d'achat

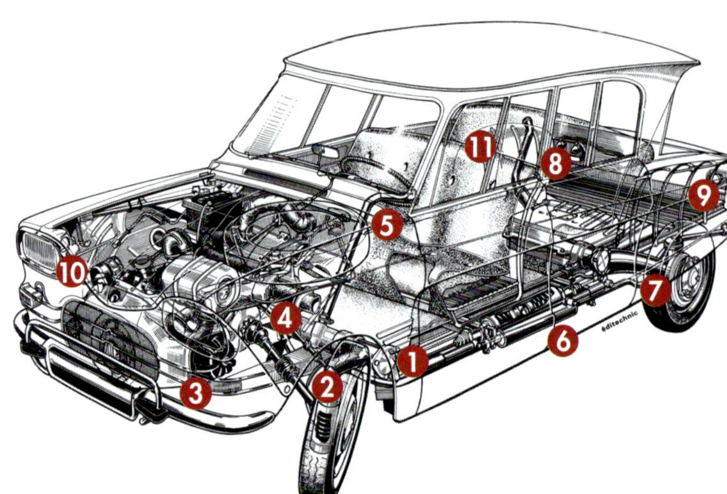

Die üblichen Schwachstellen des Ami 6

1 Korrosion Rahmen 2 Achsschenkelbolzen 3 Ölverlust Motor/Getriebe 4 Bremsanlage 5 Korrosion Scheibenrahmen/Lüfterkasten 6 Korrosion Schweller/Bodenblech 7 Korrosion Unterkante Türen 8 Korrosion hintere Stehwände 9 Korrosion hintere Kotflügel/Kofferraum 10 Beleuchtung 11 Inneneinrichtung

Diese Kaufberatung bezieht sich auf Ami 6 Limousinen und gilt sinngemäß auch für Break und Commercial. Alle Angaben ohne Gewähr.

Karosserie: Rahmen

Die Karosse des Ami 6 sitzt auf einer vom 2CV abgeleiteten Bodengruppe, dem **Plattformrahmen**. Das leiterähnliche Bauteil mit aufgeschweißten Blechen ist ein einziger Hohlraum, der in den vorderen und mittleren Bereichen zu sicherheitsrelevanten Durchrostungen neigt, die letztlich bis zum Rahmenbruch führen können.

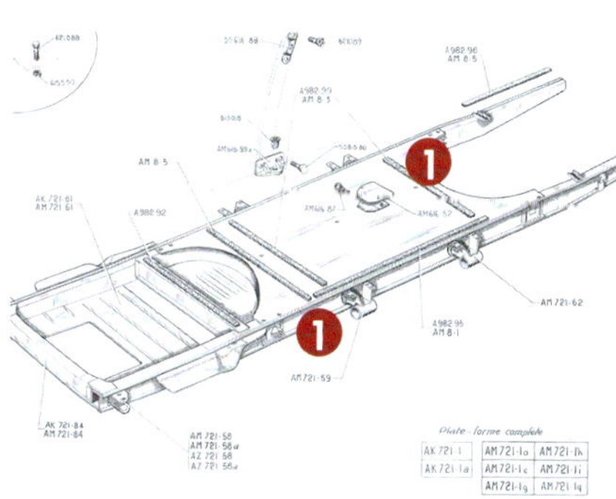

Neuralgischer Punkt

Die Achillesferse des Ami 6 ist das Chassis, mit dem die Karosse verschraubt ist. Trotz guter Verarbeitung rostet es oft von innen nach außen, was dann einen Rahmenbruch zur Folge haben kann.

Überprüfen Sie das Chassis (am besten auf einer Hebebühne) im Bereich um **Vorderachse**, **Federtöpfe** und **Bodenplatte**. **1** Aufgenietete Bleche und Anzeichen von Rost (aufquellende Börtelkanten oder Braunfärbungen) sind inakzeptabel. Kontrollieren Sie bei dieser Gelegenheit auch gleich die **Achsschenkelbolzen**: Es darf kein seitliches Spiel in den Vorderrädern sein. Ami 6-Rahmen sind ab Werk besser konserviert und langlebiger als die vom 2CV, was vor allem für Tectyl-behandelte Autos aus Forest gilt. Als Faustregel gilt: **Schäden am Rahmen nur mit neuem Chasis beheben!**

Karosserie: Aufbau & Innenraum

Wie alle Autos der Sechziger ist der Ami 6 nicht für die Ewigkeit gebaut. Daran auch die von 0,5 auf 0,7 mm erhöhte Blechstärke nichts ändert. Rost kann in kürzester Zeit zum Knock-out führen, wovon leidgeprüfte frühere Besitzer gerne berichten. Das heutige Angebot stammt deshalb fast ausnahmslos aus Südfrankreich, originale „deutsche" Fahrzeuge sind selten.

Einen ersten Blick werfen SIe auf den unteren Frontscheibenrahmen. Hier führt nicht ablüftende Nässe in Verbindung mit doppelten Blechen oft zu Durchrostungen, häufig sind Reparaturversuche mit Spachtel. Von innen ist der Bereich nach Abbau der Innenverkleidung gut gegen künftige Schäden zu schützen! Wichtig ist auch eine intakte Windschutzscheibendichtung, denn ist sie versprödet, gefährdet Feuchtigkeit den **Scheibenrahmen.** **5** Apropos: Kratzer in der Windschutzscheibe sind ärgerlich, denn Ersatz gibt es nur gebraucht. Richten Sie Ihr Augenmerk jetzt auf das Dach. Ab Werk ist es mit dem Aufbau vernietet. Bei Restaurationen oder einem Wechsel des Himmels werden die originalen Nieten oft gegen Schrauben und Muttern getauscht.

An Frontschürze, vorderen Kotflügeln und Motorhaube sind Rostschäden selten. Vorsicht aber bei den hinteren Kotflügeln, denn deren Flanke ist mit dem Endstück verschweißt, was oft Schäden verursacht. Auch die Unterkanten sollten aufmerksam geprüft werden: Aufgrund dünner Blechstärken können Repara-

Leicht demontierbare Kotflügel vereinfachen Wartungsarbeiten an Motor und Vergaser. Um weiter ins Detail zu gehen, demontiert man Innenkotflügel und Fahrzeugfront.

tur aufwendig werden. Sinngemäß gilt das zu den Kotflügeln gesagte auch für die unteren Bereiche der Türen. 7 Einen Ami 6 in Originallackierung sollte man vor Wasser schützen und bei schlechtem Wetter am besten nicht bewegen, denn der schlecht grundierte Lack unterrostet schnell. Ernst gemeinter Korrosionsschutz fängt mit zeitgemäßem Lackaufbau an. Im (frankophonen) Netz gibt es Gebrauchtteile, daneben ist die niederländische Ami Vereniging eine gute Adresse. Achtung: Theoretisch sind alle Karosserieteile unabhängig vom Baujahr verwendbar (sogar Türen vom Nachfolger Ami 8 „passen"). Es gibt aber etliche größere und kleinere Unterschiede, am besten sucht man gleich nach den passenden Teilen.

Inneneinrichtung Spezifische Ami 6-Teile sind selten und oft nur gebraucht zu bekommen. Das gilt auch für originale Polsterstoffe, die unregelmäßig in Frankreich für ID und DS nachgefertigt werden.

Karosserie: Innenbereiche

Die Prüfung des Aufbaus beginnt im Kofferraum, wo Stehbleche, gesamter Boden und die „Naht" zum Innenraum die kritischen Punkte sind. 8 Vorsicht: Oft bricht beim Break der Aufsteller der nach oben öffnenden und sehr schweren Heckklappe aus.
Vorne sind Boden und Pedalbereich nach Anheben der Fußmatten zugänglich. Idealerweise findet sich kein Rost und alles ist in Wagenfarbe lackiert. 6
Nach Öffnen der Motorhaube (bei Ami 6 ab 9/63 behutsam den Seilzug im Fußraum ziehen) sollten sich auf dem linken Innenkotflügel Wagenheber und Andrehkurbel finden, am rechten der originale Holzkeil. Es lohnt ein Blick auf die untere Spritzwand.

Verwandtschaft Der M4-Motor ähnelt dem 2CV-Aggregat von 1949. Ein Schwachpunkt sind gerissene Ansaugspinnen. Im Mai 1968 weicht er dem stärkeren M28, der später zur Basismotorisierung des 2CV wird.

Technik: Motor

Gut gepflegt (**Wartungs-/Ölwechselintervall: 3.000 Kilometer**) erreichen die Motoren hohe Laufleistungen. Leichter Ölverlust und etwas bläulicher Abgasdunst sind normal. Bläst es aber im Stand stark bläulich aus dem Auspuff, sind Kolbenringe oder Ventilführungen undicht. Manchmal tritt auch an den Stößelrohren Ölverlust auf, wofür meist das im Öleinfüllstutzen befindliche Schnüffelventil verantwortlich ist. Es regelt den Druckausgleich im Motor. Entweder öffnen und die Gummis tauschen, oder einen 2CV6-Stutzen verwenden. Die Ersatzteillage kann Reparaturen zum delikaten Unterfangen machen, denn Ami 6-Motoren sind denen des 2CV zwar ähnlich, jedoch hatten erst die letzten Ami 6

auch tatsächlich den späteren 2CV6-Motor. Deshalb passen nur wenige 2CV-Teile. Um die lästige Ersatzteilsuche zu vermeiden – und mehr Leistung zu gewinnen – wird oft auf Ententechnik umgerüstet. Der 2CV6-Motor hat eine andere Heizung, die „passend" gemacht werden muss. Oft sind dann Scheibenbremsgetriebe eingebaut. Bitte immer auf fachgerechte und eingetragene Umbauten achten! **Technische Originalität ist beim Ami 6 vorteilhaft.** Weiteres Ärgernis: Die gummigelagerten Motorträger. Deren Gummi versprödet mit der Zeit und lässt dann die Antriebseinheit schwanken.Bei Kurvenfahrte kann dann der Luftfilter von innen an die Motorhaube schlagen.
Achtung: Bei Arbeiten auf die exakten Drehmomente achten!

Technik: Getriebe

Die Getriebe bieten kaum Anlass zur Klage, vorausgesetzt man geht richtig mit der unterdimensionierten Synchronisation um. Fahren mit **Zwischengas** ist „ab Werk" nicht vorgeschrieben, aber unverzichtbar! Den „Ersten" **mit viel Gefühl** und nur einlegen, wenn der Wagen steht. Außerdem kann man nicht direkt vom „Vierten" in den „Zweiten" schalten.

Technik: Bremse

Die Reparatur der Trommelbremsen (DOT-Bremsflüssigkeit!) erfordert Geduld. Dabei ist nicht die eigentliche Technik, sondern ihre Verpackung kompliziert. Um guten Zugang zur vorderen Bremsanlage zu bekommen, müssen Kot- und Innenkotflügel und viele Anbauteile demontiert werden. Falls Sie neue

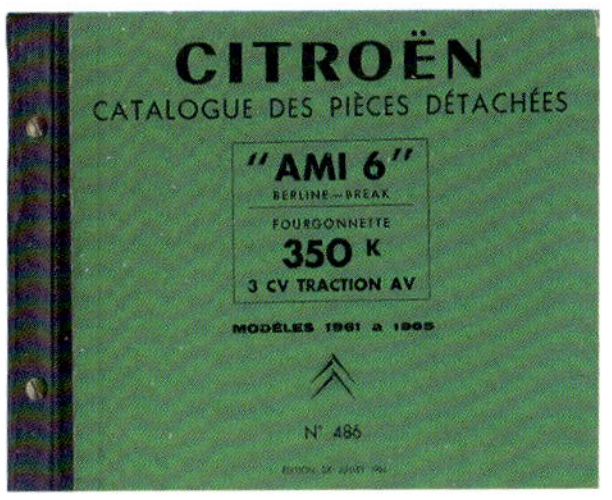

Mit dem Ersatzteilkatalog Nr. 486 (erhältlich als Robri-Reprint) können alle Ami 6-Teile genau zugeordnet werden, es gibt eine spezielle Ausgabe für belgische Teile. Wartung und Reparatur erleichtern 2CV-Reparaturhandbücher.

Radbremszylinder benötigen: Unbedingt die notwendige Gewindegröße messen, es gibt verschiedene Durchmesser!

Technik: Elektrik

Beim Ami 6 mit 6 Volt (keine Sicherungen!) ist die Beschaffung von spezifischen Teilen – etwa Seilzuganlasser – schwierig, pflegeleichter sind späte 12 Volt-Ami. Ganz grundsätzlich macht die Elektrik aber keine Schwierigkeiten, abgesehen von alternden Steckverbindern. Allerdings sind die originalen Cibie-Scheinwerfer mit den charakteristischen Zusatzspiegeln im Reflektor kaum mehr zu bekommen. **10** Eine Alternative zum Neuverspiegeln sind Ami 8-Scheinwerfer, die leidlich passen und von den Einbaumaßen her können auch die des Saab 99 verwendet werden.

Probefahrt

Werfen Sie einen Blick auf die Reifen: Mit **Michelin X 125 x 380** oder **135 x 380** (sind beide Größen eingetragen?) ist optimales Fahrverhalten garantiert. Will man ohnehin nur bei gutem Wetter fahren, stellen auch die günstigeren „Toyos" eine Alternative dar. Egal welche Marke montiert

Dieser mustergültig und mit vielen Neuteilen restaurierte Ami 6 hat ein zeitgenössisches Zubehör: Die seltene Doppelvergaseranlage.

ist: Die Reifen dürfen keine Risse an den Flanken haben, sollten genügend Profil aufweisen und nicht überaltert sein. Lassen Sie anfangs den Verkäufer fahren, um einen Eindruck vom Wagen zu bekommen. So wird der Ami 6 gestartet: Zündung per Schlüssel rechts am Tachogehäuse einschalten (ggf. Lenkradschloß öffnen), den Anlasserzug „D" rechts neben dem Schalthebel ziehen und Gas geben. Zum Ausschalten des Blinkers zieht man den Blinkerhebel kurz zu sich hin. Die **Probefahrt** sollte **ohne** verdächtiges **Klopfen** (Kurbelwellenlager), deutliches **Klackern** im warmen Zustand (Pleuellager) und auch ohne Geräusche von der Vorderachse (Achsschenkelbolzen/Antriebswellen) absolviert werden. Ist beim Bremsen ein leichtes Schleifen von hinten zu hören, „hängt" der Radbremszylinder, ein Standardproblem.

Preise und Verfügbarkeit

Das Angebot an fahrfähigen Ami 6 ist überschaubar, meist handelt es sich um Importfahrzeuge. Limousinen sind seltener als Breaks, „originale" deutsche Ami 6 aus belgischer Produktion kaum zu finden. Ein Blick nach Frankreich lohnt, der „letzte Bertoni" galt dort bis Mitte der Neunziger als ideales Einstiegsauto. Allerdings sind seitdem beträchtliche Preissprünge zu verzeichnen: Ambitionierte Restaurationsobjekte gibt es auf einschlägigen Verkaufsplattformen noch für unter 1.000 EUR, der Markt wird aber von Breaks in mittleren (1.500 bis 4.500 EUR) und restaurierten Zuständen (ca. 8.000 EUR) dominiert. Bei Limousinen kostet der gute, unrestaurierte Originalzustand ab 11.000 EUR, Händler veranschlagen für restaurierte Ami 6 ca. 15.000 EUR. Man kann sich sein Exemplar aber auch von Spezialisten direkt importieren und restaurieren lassen. Dann muss mit bei „Berline" und „Break" mit Kosten zwischen 14.000 und 20.000 EUR gerechnet werden, denn etwaige Restaurationsarbeiten sind bei beiden Varianten praktisch identisch.

Egal für welchen Citroën Ami 6 Sie sich entscheiden: Gut konserviert ist er ein zuverlässiger und im Falle des Falles leicht reparierbarer Klassiker. Als besonders alltagstauglich gelten Exemplare der letzten Baujahre mit M28-Motor.

Bonne route en Ami 6!

Anhang: Fußnoten

[1] André Gustave Citroën wird am 5. Februar 1878 als fünftes Kind eines Juwelenhändlers in Paris geboren. Sein Nachname geht auf Urgroßvater Roelof zurück, der Obsthändler in Amsterdam ist und „Limoenman" – Zitronenmann – heißt. Später zu „Citroen" romanisiert und um die Punkte über dem „ë" – dem Trema – ergänzt.

[2] Taylorismus beschreibt die Umsetzung des von Frederick Taylor (1856 – 1915) begründeten Prinzips der Steuerung von Arbeitsabläufen, wie sie André Citroën in den Fordwerken kennenlernt und als Vorbild für sein Unternehmen mit nach Frankreich nimmt.

[3] Flaminio Bertoni, Designer, Bildhauer und Architekt (1903 –1964), arbeitet kurzfristig schon Anfang 1925 für Citroën, endgültig wird er 1932 eingestellt. Neben dem Ami 6 zeichnet er Traction Avant, 2CV, DS und den Lastkraftwagen Citroën 350.

[4] André Lefèbvre (1894 – 1964), im ersten Weltkrieg Flugzeugingenieur, später bei Voisin und Renault. Wird 1933 von André Citroën eingestellt. Er legt Wert auf Leichtbau und optimale Gewichtsverteilung. Neben Traction und 2CV ist er maßgeblich für die 1955 erscheinende DS verantwortlich.

[5] Pierre Jules Boulanger (1885 – 1950) gilt als „Vater des 2CV". Er ist seit April 1919 bei Michelin und leitet seit 1934 mit Pierre Michelin Citroën. Verfolgt in den Zwanzigern erste Pläne eines preiswerten Automobils. Hat ein gutes Verhältnis zu André Lefebvre, was der Entwicklung des 2CV sehr zu Gute kommt.

[6] Zehn französische Francs des Jahres 1938 entsprächen ca. 5,03 Euro heutiger Kaufkraft.

[7] Wenige 2CV A werden nach Clermont-Ferrand geliefert, wo sie

auf öffentlichen Straßen getestet werden. Marcel Michelin meldet im Oktober 1939 nach Paris, man sei zufrieden mit dem 2CV, ärgere sich nur über das Aufsehen, das der Wagen errege. Ein Exemplar überlebt – umgebaut zum Versuchsträger – und steht heute im Automuseum von Rochetaillé-sur-Saone.

8 Walter Becchia kommt 1941 von Talbot-Lago zu Citroën und entwirft dort 1944 in nur vier Wochenenden den bekannten, luftgekühlten 2CV-Boxer mit 4-Gang-Getriebe. Die Weiterentwicklung zum ersten Ami 6-Motor stammt ebenfalls von ihm.

9 Auf der Suche nach einer perfekten Federung für den 2CV macht Ingenieur Paul Magés erste Versuche mit einer hydraulischen Federung, die Grundlage der Hydropneumatik im DS wird.

10 Roland Barthes in „Mythen des Alltags".

11 Das vom Herbst 1955 stammende Thesenpapier findet sich in „Flaminio Bertoni: Ein Leben für die Form" von Leonardo Bertoni und Stéphane Bonutto.

12 Um der Entscheidung für einen echten Kofferraum und somit gegen die Fließhecklinie gerecht zu werden, kommt Bertoni auf die Idee, die Heckscheibe „andersrum" geneigt zu zeichnen, die erste komplette Entwurfskizze stammt vom 25. Januar 1956.

13 Im Juli 1958 bekommt Antoine Chatel, Bürgermeister von Chartres-en-Bretagne, unverhofft Besuch, ein halbes Dutzend Citroën DS hält vor seinem Haus. Pierre Bercot, Generaldirektor von Citroën eröffnet ihm, dass seine Gemeinde als Standort für ein neues Automobilwerk ausgewählt wurde. In den folgenden Monaten bewegt Chatel die Eigentümer zum Verkauf ihrer Grundstücke, im Januar 1959 erfolgt der erste Spatenstich. Noch heute ist Rennes-La-Janais Produktionsstandort von PSA Peugeot Citroën und

somit neben dem Presswerk in St. Ouen das letzte noch in Betrieb befindliche der einstigen französischen Citroën-Werke.

[14] Im Rahmen eines firmeninternen Qualifikationsprogramms kommt Henri Dargent 1945 zu Citroën. Er ist Sohn eines Vorarbeiters des Citroën-Presswerkes Epinettes und seit 1953 in der Versuchsabteilung. 1957 wird er Assistent von Flaminio Bertoni und ist fortan für den Modellbau der Designabteilung zuständig.

[15] Ambi-Budd war ein auf die Herstellung von Tiefziehblechen spezialisiertes, 1912 in Philadelphia gegründetes Unternehmen, das mittels seiner Patente den Automobilbau stark beeinflusste.

[16] Auf der Frankfurter IAA 1961 steht als Weltpremiere der Renault 4, über den es aufgrund konzeptioneller Ähnlichkeiten zum 2CV damals oft heißt, er sei „der bessere Citroën." Bis 1992 werden 8.135.424 Stück produziert.

[17] Citroën betreibt 1962 zwei Filialen in den Vereinigten Staaten von Amerika: New York und Los Angeles.

[18] Robert Opron ist ab 1964 für das Styling von Citroën verantwortlich. Mit Ami 8, GS, SM und CX prägt er das Markenbild bis in die achtziger Jahre. Nach der Fusion mit Peugeot verläßt er Citroën auf eigenen Wunsch und arbeitet fortan für Matra.

[19] Der Typ AK 350 aus Forest geht auf einen Wunsch des Schweizer Importeurs nach „Ami 6-Leistung im 2CV" zurück. Ab Anfang 1965 ist als „3CV AZAM 6" in Benelux, D (9/66 bis 9/68) und CH eine 2CV-Limousine mit Ami 6-Technik lieferbar. Ende 1970 erscheint ein „2CV6" mit dem für den Ami entwickelten M28.

[20] Die Bezeichnung „Club" lebt in den Siebzigern bei etlichen Citroën-Typen wieder auf, so etwa bei 2CV, VISA und GS/GSA.

„Das Citroën-Werk von Rennes-La-Janais ist eine der modernsten Produktionsstätten für Automobile in Europa. Hier wird nach avantgardistischen Fertigungsmethoden der Ami 6 hergestellt."
Prospekt „Citroën Automobil AG, 505 Porz-Westhoven bei Köln", 1966

Literaturverzeichnis und Quellen

Per Åhlström: **How american Budd made Citroën a Forerunner**, Citroënvie (2013)
Gijsbert-Paul Berk: **André Lefebvre** (2011), ETAI
Leonardo Bertoni/Stéphane Bonutto: **Flaminio Bertoni** (2015), edition garage 2cv
Vincent Bayaert: **Les Filles de Forest, Citroën 2CV vue de Belgique**
Jeroen Broeklander **Citroën Ami 6 en Nederland** (2015), www.citroenami6.nl
Bucheli: **Querschnitt durch die Autotechnik Citroën Ami 6** (1966), Bucheli
Citroën: **Ami 6 (1961-1969)** (2011), Conservatoire Citroën
Citroën: **Daten von 1919 bis heute** (2006), Communication Citroën
Gilles Colboc: **Les Citroën du monde** (2005), ETAI
Jan Eggermann: **Citroën 2CV KOMPAKT** (2014), edition garage 2cv
Philippe Hazan: **Anton Fragaglia**, 2CV Magazine (5/2013)
Räto Graf: **Citroën 2CV : Der Döschwo in der Schweiz** (2011), edition garage 2cv
André Lalanne: **Les hommes de la 2CV** (2008), édition Roger Regis
Jean-Jacques Monnier: **Histoire de la Bretagne en XXe siècle** (2010), Skol Vreizh
Dominique Pagneux: **La Citroën Ami 6, 8 et Super de mon père** (1997), ETAI
Xavier Pennec: **La Barre-Thomas, de Citroën à la casse** (2013)
Laure Quentin: **Votre Ami 6** (1964), EPA
Jacques Séguéla: **80 ans de publicité Citroën et toujours 20 ans** (1995), Hoëbeke
Jacques Wolgensinger: **André Citroën** (1991), Flammarion

Vielen Dank

Brigitte und Ronald Beckmann (Robri),
Francoise Benoist (Citroën Communication Paris), Leonardo Bertoni,
Stéphane Bonutto, Paula Arrais de Castro, Wolf Eggers, Daniel Engelhardt,
Erika Gomez-Schlegel, Räto Graf, Stephan Joest, Georg List,
Anke Meisen, Piero Perosino, Wilfried „Freddy" Pleiter, Karl Schori,
Jochen Schürmann, Tanja Stieg, Bernd Wienke.
Bilder: Archiv garage2cv, Archiv Citroën,
Michael Jülicher, Karl Schori.